KB023664

신소재
쫌 아는 10대
석기부터 나노까지,
소재로 쌓인 문명의 탑

과학
좀 아는
십 대
10

신소재
좀 아는 10대
석기부터 나노까지,
소재로 쌓인 문명의 탑

장홍제 글
방상호 그림

풀빛

소재를 만드는 열쇠를 찾아

우주를 구성하는 것은 원소이고, 원소들이 자연과학의 법칙에 따라 모여들어 짝짓고 배열되며 만들어지는 것은 물질이지. 물론 원소나 물질은 그 자체로도 많은 의미를 갖지만 세상을 살아가는 우리 인간들에게는 더 직관적이고 유용하면서 다룰 수 있는 형태가 필요해. 존재하는 물질 그 자체가 아닌, 무언가를 만드는 데 사용되는 재료로서의 '소재' 말이야.

소재는 인간이 의지를 가지고 물건을 다루기 시작하면서 한 번도 인간과 떨어진 적 없던 필수 요건이었어. 먼 옛날 그저 단단하고 날카롭기만을 바라며 돌을 고르던 순간부터 지금까지 이어져 온 소재에 대한 인류의 경험과 지식은, 과학을 만나 원리를 이해하면서 알려지지 않은 새로운 소재를 탄생시켜 왔어.

정말 흔하게 찾아볼 수 있던 원소들이 물리적 그리고 화학적인 원리와 관계를 통해 전혀 새로운 물질로 바뀌는 장면을 지금부터 함께 보게 될 거야. 이렇게 탄생한 새로운 물질은 새로운 재료로서 첨단 사회를 지탱하는 신소재로 사용되기 시작해. 신소재들 중에는 이름 그대로 완전히 새롭게 발견된 물질들도 있지만, 많은 경우 수백 년 전부터 존재하고 여러 용도로 사용되어 왔지만 그것이 품은 새로운 능력들이 재발견되며 다시금 주목받는 경우가 많아. 특출날 것 없어 보이던 물질의 재조명에는 과거에는 없었을 태양광 발전이나 전자제품의 생산, 해양이나 우주 탐사 등 과학기술의 영역이 넓어진 것이 큰 역할을 하고 있지. 지금은 우리가 일상적으로 쓰는 특별할 것 없는 흔한 소재더라도, 과학의 지평이 넓어지고 새로운 분야가 탄생하는 순간 첨단 신소재로 재탄생할 수도 있을 거야.

우리 앞에 놓인 수많은 물질을 봐. 이 물질들은 어떻게 서로 다른 특성을 보일까? 혹시 그 찬란한 다양함이 다양한 소재를 만드는 열쇠인 걸까? 그런데 소재는 대체 어떻게 만들어지는 거지? 소재마다 쓰임이 다 다를까? 새로운 소재는 계속 만들어질 수 있나? 많은 질문이 쏟아지네. 질문에 대한 답을 찾으러 이제부터 같이 나서 볼까.

1

원소에서
물질을 거쳐
소재까지

우리 주위 모든 것은 '무엇인가'로 이루어져 있어. 호흡할 때 사용되는 공기, 마시는 물, 따스한 햇빛처럼 환경을 구성하거나 생명 유지에 작용하는 요소들이 있어. 그 외에도 우리가 직접 다루고 사용할 수 있도록 구체적인 형체를 유지하는 물체들 역시 셀 수 없이 많지.

경우에 따라 물체들은 눈에 잘 보이지 않을 정도로 작은 가루(분말)일 때도 있고, 손으로 만지고 잡을 수 있을 정도의 규모 있는 덩어리일 수도 있지만, 무언가 본질적인 단위로 이루어져 있다는 공통점을 느낄 수 있어. 하나의 물체를 구성할 때 이 구성 요소들은 모두 같은 종류일 수도 있고 서로 다른 종류가 섞여 형성됐을 수도 있을 거야. 또 여러 종류의 재료가 혼합되어 이루어졌다 하더라도 물체의 어느 부분이든 균일하게 섞여 이루어졌을 수도 있고, 불균일하게 뒤죽박죽 혼합된 상태일 수도 있을 거야. 언뜻 생각하면 한 종류의 요소로 균일하게 섞여 만들어진 물체가 우수할 것도 같지만 실제로는 그렇게 단순하게 판단하기 힘들어. 왜냐고? 우리에게 친숙한 두 가지 돌(암석)을 가지고 궁금증을 풀어 볼게.

무엇으로보다는 어떤 식으로!

화산지대에서 용암이 굳어 생성되는 대표적인 암석 두 종류가 뭐지? 그래. 현무암basalt과 화강암granite이지. 현무암은 제주도 어디서나 쉽게 찾아볼 수 있고, 화강암은 건물 바닥이나 내장재로 흔히 사용되기에 한 번쯤 손으로 직접 만져 볼 기회가 있었을 거야. 가만히 형태를 들여다보면 현무암은 전체적으로 검은색을 띠는, 매우 균일한 재료로 이루어진 암석이야. 화강암은 알록달록 여러 구획으로 나뉘어 섞여 있거나 불규칙한 줄무늬가 있는 형태지. 현무암과 화강암이 쓰이는 분야가 주로 건축과 조각이라는 것을 고려하면, 두 암석을 나누는 물리적 특성은 광물의 단단한 정도를 의미하는 '경도hardness'가 될 거야.

암석의 강도를 비교하는 가장 기본적인 방법은 모스 경도Mohs hardness scale야. 모스 경도는 동물 광물학자인 프리드리히 모스Carl Friedrich Christian Mohs가 1812년에 고안한, 굳기의 상대적 값을 나타내는 계수로 1부터 10까지 단단한 순으로 수치가 높아져. 예를 들어, 세상에서 가장 단단한 물질인 다이아몬드(금강석)는 모스 경도상 10에 해당해. 균일한 재료로 이루어져 완벽히 혼합된 것으로 보이는 현무암은 3~5 정도에 해당하는 단단함을, 불균일한 혼합으로 금방이라도 부분부분

떨어져 나갈 것처럼 보이는 화강암은 6~7 정도로 알려져 있어. 모스 경도라는 상대적인 기준에 따라 두 암석을 구분했듯 물체를 구성하는 재료들이 균일하게 혼합되었는지 여부만으로는 물리적 특성을 일관되게 예측하기 어려워. 심지어 분명 더 낮은 경도를 갖는다고 방금 말했던 현무암도 조립질(광물의 입자가 비교적 굵은 결정질 암석)로 구성되는 경우에는 7 이상의 모스 경도를 보이는 매우 단단한 암석이 돼 버려!

결국 우리가 재료를 이해하고 파악하는 데는 단순히

현무암은 모스 경도가 3~5 정도로, 단단해 보이지만 무르지.

1-1 현무암과 화강암을 비교하며 재료를 이해해 보자.

'무엇으로 이루어져 있다'라는 사실보다는 '무엇이 어떤 식으로 이루어져 있다'라는 구성 요소들 간의 연관성과 상호작용을 이해하는 것이 중요해.

서로 다른 특성을 갖는 두 종류의 물질을 섞어서 유용한 기능을 갖는 새로운 물질, 즉 재료를 만들고 싶다고 하자. 이때 두 물질을 그저 가까이 두면 될까? 불가능하지. 이미 하나의 물질은 그것을 이루는 수많은 구성 요소가 상호작용을 거쳐 완성된 상태야. 완성체 두 개가 가까이 있다는 것만으로는

화강암은 쉽게 떨어져 나갈 것처럼 보이지만, 모스 경도 6~7로 단단한 편이야.

둘 사이에 흥미로운 작용이 일어날 거라고 기대할 수는 없어. 그럼 물질을 각기 잘게 쪼개서 가루 형태로 섞는다면? 특유의 형태가 구분되지 않게 섞여서 마치 새로운 물질이 만들어진 것처럼 보일 수 있어. 실제로는 두 종류가 섞여만 있지 새로운 하나의 물질로 탄생한 것은 아니지만 말이야. 그러니 우리가 재료를 파악하려면 그것을 이루는 구성 물질로, 더 나아가 물질을 이루는 기본 단위와 그들끼리 맺는 상호작용의 원리로 더 깊숙이 들어가야만 해.

원자에서 원소로, 그리고 물질로

세상을 구성하는 가장 작은 단위는 관점에 따라 달라질 수 있어. 존재 자체에 대한 관심을 가지고 탐구하는 사람들에게는 보이지도 느껴지지도 않는 미소 입자들이 주인공이 될 테고, 관측과 취급이 가능한 물질량을 갖는 대상에 주목하는 사람들은 원자가 핵심이 되겠지. 무슨 말인지 모르겠다고? 가장 간단한 형태인 수소 원자를 가지고 말해 볼게.

수많은 원자 중 한 종류를 정확히 골라서 '수소' 원자라고 이름 붙이고 구분할 수 있는 것처럼, 각각의 원자마다 표현되는 물리·화학적 특성은 제각각이야. 하지만 조금 더 자세히 들여다보면 짜임새 있게 잘 정리되어 있고 공통으로 발견할 수 있는 기준들이 존재해.

원자를 더 확대해서 들여다보면 가운데에 자리 잡고 있는 작고 단단한 알갱이 하나를 찾을 수 있는데, 바로 원자핵 atomic nuclear 이야. 원자핵은 무엇으로 이루어져 있을지 더 나눠 볼까? 양(+)의 전하를 띠는 양성자와 전기적으로 중성 상태인 중성자로 되어 있어. 여기까지는 우리가 여러 차례 들어 본 익숙한 이야기일 거야. 그럼 양성자나 중성자를 이루는 더욱더 작은 무언가는 없을까? 바로 세상을 이루는 근본 개념과 원리에 대한 연구를 이어 나가는 물리학자들은 파동이나 끈과 같은 멋진 개념으로 이해하고 설명하려고 계속해서 보이지 않는 세상을 헤쳐 나가고 있어.

이렇게 작은 세상을 이해하는 것은 그 자체로 매우 매력적이고 흥미로운 주제일 수 있지만, 우리가 함께 살펴보고자 하는, 세상을 구성하고 직접 사용할 수 있는 재료들을 이해하는 데는 큰 도움이 되지 않아. 그러니 다시 조금 더 멀리서 살펴보자.

원자핵 주위를 둘러싼 음(-)전하를 띠는 입자인 전자들과 가운데에 있는 원자핵을 합해 원자라고 부르는데, 원자로부터 흥미로운 몇 가지 특징을 발견할 수 있어. 우리가 생각하는 원자의 크기 중에서 원자핵이 차지하는 부피는 정말로 작은 일부에 불과하다는 것. 그리고 이 작은 원자핵이 질량의 많은 부분을 차지하고 있다는 것. 마지막으로 원자를 이루는 양성자와 전자의 개수는 항상 똑같다는 사실 말이야.

그렇다면 양성자와 전자 중 무엇이 더 중요하게 작용해서 몇 개의 동일한 개수를 이룰지 결정짓는 것일까? 답은 바로 양성자야. 원자핵의 주위를 빙빙 도는 전자들은, 원자 내부 구조에서 상대적으로 바깥쪽에 자리 잡고 있기 때문에 한두 개 혹은 서너 개가 밖으로 튕겨 나가거나 새롭게 들어오는 '변화'에 열려 있어. 하지만 가운데 단단하게 뭉쳐 있는 양성자는 마음대로 이동하는 것이 어려울 수밖에 없겠지. 결국 양성자의 개수가 원자의 종류를 결정짓는 핵심 요건으로 작용해. 앞서 살펴봤던 수소(H) 원자의 경우 양성자가 딱 1개 있고, 주위를 1개의 전자가 돌며 전기적으로 중성인 안정한 원자를 형성해. 그렇다면 양성자가 2개가 되면? 바로 헬륨(He) 원자라는 새로운 종류의 원자가 탄생하지. 이처럼 양성자의 개수에 따라 원자의 종류가 달라지는데, 이들을 '원소'라고 지칭하며 종류를 구분해.*

세상엔 수많은 종류의 원소들과 이들의 기본 단위인 원자들이 있고, 원소들은 양성자의 개수에 따라서 다양한 종류

---

* 원소와 원자에 대해 더 깊고 명확하게 알고 싶다면 《원소 쫌 아는 10대》(풀빛, 2019)를 읽어봐.

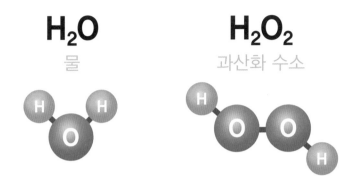

H₂O

물

H₂O₂

과산화 수소

1-2 수소(H)가 산소(O)와 어떤 모양으로 몇 개 연결되느냐에 따라 완전히 다른 성격의 물질이 생성돼.

로 분류되지. 원자 자체는 특별할 것 없는, 구성 요소들의 개수만이 다른 하나의 집약체지만, 이 단순한 개수의 차이가 결과적으로 각 원소 특유의 성질들을 나타내게 만들어. 금속이거나 비금속이거나, 기체거나 고체거나 하는 성질들 말이야.

    헬륨이나 네온(Ne)처럼 원자 그 자체로도 안정하게 존재할 수 있어 홀로 거동하는 원소들도 있지만, 많은 원소는 서로 조합해 연결되는 방식에 따라서 완전히 새로운 물질을 만들어 내. 호흡에 사용할 수 없고 오히려 피부에 닿았을 때 독성을 보이는 매우 가벼운 폭발성 기체 원소인 수소가, 생명체의 호흡 과정에 필수적이며 산화나 연소 반응에 작용하는 산소를 만나서 '수소-산소-수소' 순서로 비스듬히 꺾인 모양으로 연결되었을 때, 인체를 구성하고 지구 생태계를 구성하는 가장 중요한 물질인 물(H_2O)을 만들어 내는 것을 생각해 봐. 하지만 산소 원자가 하나 더 결합하면 어떤 일이 생길까? '수소–산소–산소–수소'의 순서로, 마찬가지로 비스듬히 꺾인 모양들로 원자가 연결되어 형성되면 과산화 수소(H_2O_2)라는, 매우 높은 반응성을 갖고 소독이나 표백에 사용되는 전혀 다른 물질이 돼 버려. 같은 종류의 원소들로 이루어져 있더라도 몇 개의 원자가 어떤 순서로 연결되느냐에 따라 완전히 다른 물질이 되기 때문에, 우리는 원소의 종류와 원자 개수의 조합이 펼치는 무한한 가능성을 상상할 수 있어. 이렇게 만들어진 다양한 '물질 matter'과 '소재 material'는 어떤 차이점이 있는 걸까.

소재란 무엇일까?

물질과 소재를 구분하는 가장 큰 요소는 역시 우리, 곧 사용하는 주체의 목적과 의도라는 과학 외적인 요소야. 세상은 온갖 물질들로 이루어져 있지만 물질의 존재가 무조건적인 쓰임을 대변하지는 않아. 무슨 말이냐고? 우리가 지금 액자를 벽에 걸기에 필요한 도구를 찾고 있다고 생각해 보자. 그건 못이겠지. 못을 만들려면 그에 적절한 물질이 필요해. 그게 바로 못의 소재야. 호흡할 때 사용되는 공기도, 바닥을

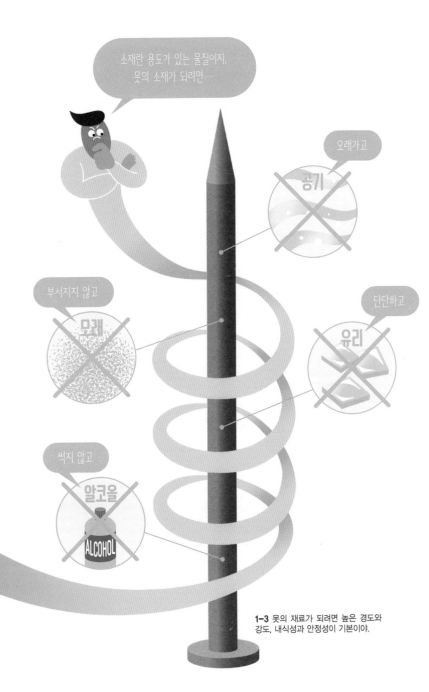

1-3 못의 재료가 되려면 높은 경도와 강도, 내식성과 안정성이 기본이야.

구성하는 모래도, 유리창의 유리도, 소독용 알코올도 손 닿는 가까이에 있어. 그렇다고 그것들을 못을 만드는 소재로 여기지는 않겠지? 벽을 뚫을 만큼 단단하고 날카롭게 끝을 벼를 수 있는 못이 되려면 높은 경도와 강도, 내식성과 안정성이 기본이라는 정도는 우리가 경험으로 이미 알고 있으니까. 즉, 소재를 정의하고 선택해서 설계하는 모든 과정은 물질의 특성에서 출발해. 이 특성들을 온전히 이해하고 조합하려면 물질을 이루는 원소의 특징은 물론 원소들이 모여 만드는 복합적인 기능과 상호 증대되는 능력까지 알아야 할 거야.

간단히 정리해 볼까. 물질을 이루는 원소라는 기본적인 구성 요소들은 각각의 원자로 이루어져 있고, 원자들의 조합과 배열로부터 수많은 물질이 탄생해. 소재란 여러 물질 중에서 '어떤 것을 만드는 데 바탕이 되는 재료'를 칭해. 용도가 있는 물질이라고 하면 이해가 쉽게 될지도 모르겠다. 소재는 기초과학적인 분야와 실용적인 분야를 연결하는 가장 중요한 개념이야. 뿐만 아니라 과거부터 현재까지 인류 문명을 지탱하고 발전시킨 가장 중요한 요소라고 할 수 있어.

소재는 넓은 의미에서 재료 자체를 의미하기 때문에 더 세분화할 수 있어. 주된 구성 물질의 종류, 특징, 또는 목적에 따라 다양한 표현과 설명이 가능해. 예를 들어, 물질의 종류에 따라서 소재는 금속 소재, 섬유 소재, 비금속 소재 등으로

1-4 상대 레이더망에 탐지되지 않도록 설계된 스텔스 폭격기. 이것이 가능한 것은 전자파와 레이더 파를 흡수하는 특성이 있는 스텔스 소재 때문이야.

나눌 수 있어. 특징에 따라서 표현해 볼까? '난연성 섬유 소재'는 불에 타지 않도록 브로민(Br)이 첨가된 소재고, '외부 자극 감응 소재'는 자기장이나 용액 종류에 따라 반응이 유발될 수 있는 소재야. 특수한 사용 목적에 따라서도 '극한환경 적응형 소재'나 '스텔스 소재'처럼 다양한 구분들이 가능해.

재료나 소재의 개발은 기본적으로 공학engineering 분야에 해당하는 연구 주제였어. 흔히 말하는 물리나 화학을 비롯한 기초과학과는 무관하게 발달해 왔지. 먼 옛날부터 불을 피우는 데 사용되던, 목재에서 유래한 숯이나 석탄을 볼까? 이 물질(혹은 소재)들이 불을 만들고 오랫동안 유지하는 데 기술적으로 적합하다는 사실을 경험한 인류는 그것들을 오랫동안 유용하게 사용해 왔어. 지금이야 숯이나 석탄이 탄소로 이루어져 있고 탄소 기반 물질들은 연소 과정에서 많은 빛과 열을 내놓는다는 사실을 알고 있지만, 당시에는 탄소라는 물질이 분리되어 발견되지도, 특성이 알려지지도, 빛과 열을 내는 원인이 무엇인지도 전혀 알 수 없었어. 하지만 이런 과학적 기반과는 무관하게 인류는 온도를 효율적으로 높이는 탄소 기반 연료를 발견하고 개량해 나갔지. 뿐만 아니라 고대 문명에서 중요한 역할을 했던 청동, 철, 유리, 심지어는 화약에 이르기까지 발견하거나 발명해서 사용해 왔지만, 인류가 기저에 깔린 핵심적인 원리를 모두 이해하고 시작했다고는 할 수 없어.

현대 사회는 그때와 많은 것이 변한 상황이야. 원자를 들여다볼 수 있을 정도로 높은 해상도를 가진 전자현미경을 개발했고, 물질이 무엇으로 이루어져 어떻게 상호작용하는지, 열이나 압력을 줄 때 어떤 변화가 일어나는지, 원소들이 혼합될 때 기대되는 결과가 무엇일지 이해하고 있어. 더욱이 널리 이용되는 수많은 소재가 각자의 위치에서 절묘하게 활용되는 상태를 넘어 극지방이나 우주, 화산지대나 심해와 같은 새로운 환경을 탐험하는 지금은, 극한의 조건을 충족하고 기술적 한계를 극복할 수 있는 새로운 소재, 곧 신소재의 발견이 절실해. 꿈만 같던 일들이 현실이 된 것은 과학 발달로 소재를 이루는 물질, 원자, 원소들 간의 미시적 microscopic 특

징에 대한 이해가 가능하게 된 시점부터야. 과학과 무관하게
발달한 기술은 이제는 과학과 함께 발전하고 있음을 알 수 있
어. 더는 과학과 기술이 별개의 분야가 아니야.

■■ 신소재가 바꾸어 온 인류의 역사

일상에서 다양한 매체를 통해 접하는 소재에 대한 이야
기 중 우리 귀를 사로잡는 단어는 바로 '신소재'나 '첨단소재'
일 거야. 사실 새롭다는 의미의 '신新-'이나 시대의 선두를 의
미하는 '첨단尖端-' 같은 용어는 소재가 아니더라도 다양한
분야에서 쓰이기 때문에 어떤 의미인지 쉽게 예상할 수 있어.
두 용어에 실질적 차이가 있지는 않고, 새롭게 발견되어 현대
사회에서 매우 중요하게 사용되거나 사용될 것으로 기대되는
소재들을 칭해.

새로운 소재의 발견이 당시 사회 풍조와 균형을 바꾸는
전환점이 된 예가 역사 속에 여럿 있었어. 지구가 제공한 날
것 그대로의 암석을 바탕으로 이루어졌던 석기 문명, 인류
가 채굴하고 제련해 금속으로 이루어진 도구를 만들어 냈던
청동기시대에 의해 역사 속으로 사라졌지. 당시에는 구리(Cu)
와 주석(Sn)의 합금이자, 기존에 없던 높은 강도와 안정성을
보인 청동은 그야말로 신소재였음에 틀림없어. 청동기시대

역시, 새롭게 등장한 철이라는 소재에 의해 쇠락하고 말아. 우리는 흔히 청동과 철이 기존의 주류 소재에 비해 물리적으로 강하다는 점에서 무기와 무력 측면에서 기존 문명을 뒤엎었다 생각하지만, 사실상 신소재는 사회 전반의 모든 것을 바꾸는 요체야.

　　발견 후 청동이나 철이 단순히 무기를 만드는 데에만 사용되었을까? 그럴 리는 없었을 거야. 식량 생산에 직접적으로 영향을 미친 농기구의 제조에도 사용되었고, 늘어난 식량 생산량은 사회 전체의 안정성과 잠재력을 향상시켰지. 의식주에 직접적으로 영향을 끼친 일 말고도, 소재의 발달은 사회 구조를 변화하는 데 관여했어. 은이나 금과 같은 귀금속은

1-5 신소재는 사회 전반의 모든 것을 바꾸는 핵심이야.

지배체제, 사유재산, 종교, 문화 등 사회 전체 구조와 분위기를 만들고 바꾸고 파괴하는 중요한 견인차였어. 이렇듯 역사를 바꿔 온 신소재는 당시 과학기술을 기준으로 없던 물질이 새롭게 발견되고 활용된 결과야. 그렇다면 지금 우리는 얼마나 많은 새로운 물질을 만들어 낼 수 있을까.

간혹 새로운 원소가 발견되고 이름 붙여져 세상에 공표되는 일이 있어. 하지만 이렇게 발견된 새로운 원소들은 지구상에 이미 존재하는 것을 새롭게 발견한 것이 더 이상 아니야. 핵융합이나 핵분열처럼 물리적 반응을 통해 인공적으로 만들어진 거지. 이런 원소를 인공 원소라 하는데, 이들은 매

우 불안정한 형태여서 1초에 한참 미치지 못하는 매우 짧은 시간만 존재하고 다시금 붕괴해서 사라지지. 결국 돌에서 청동, 청동에서 철로 흘러갔던, 원소들에 기반한 신소재의 발견은 한계에 달했어. 앞서 원자 종류와 배열로부터 무궁무진한 조합이 나올 수 있다고 했지? 이후의 신소재들은 이 같은 '조합'에 의해 발견되는 경우가 많아.

철기시대를 열었던 철은 탄소가 혼합되며 '강steel'이라는 더욱 강하고 잘 부러지지 않는 금속 재료를 탄생시켰어. 계속된 시도 끝에 크로뮴(Cr), 망가니즈(Mn), 니켈(Ni), 몰리브데넘(Mo) 등이 첨가되어 녹이 슬지 않는 강인 '스테인리스강stainless steel'이 탄생해 일상적으로 사용되었지. 청동의 주재료였던 구리에 니켈이 혼합되어 바닷물에 침식되지 않는 합금을 형성하기도 하고, 구리와 베릴륨(Be)이 충돌해 불꽃을 발생시키지 않는 금속 소재를 만들기도 해. 알루미늄(Al)과 구리는 가볍고 튼튼한 항공기 제조용 소재 두랄루민duralumin을 만들고, 갈륨(Ga)·인듐(In)·주석(Sn)의 합금인 갈린스탄gallinstan은 상온에서 액체로 존재할 수 있어 기존 온도계의 독성 소재였던 수은(Hg)을 대체해 안전한 온도계를 만드는 데 사용되고 있지. 다양한 원소들의 조합으로 금속 재료는 독특하고 매력적인 특성을 발현할 수 있었기 때문에 오랜 시간 주된 신소재의 대상으로 여겨져 왔어.

새로운 원소의 발견도, 조합을 통한 구현도 아닌 신소재에 대한 또 다른 접근법이 최근에는 더욱 중요하게 활용되고 있어. 바로 원자 수준에서 이루어지는 다양성과 특이성이야. 탄소를 예로 들어 볼게. 먼 옛날부터 숯이나 석탄의 형태로 사용되던 탄소는 소재보다는 유용한 연료였다 할 수 있어. 이는 원소의 발견에 해당할 거야. 시간이 지나며 탄소는 철을 제련하는 과정에 첨가되어 철강을 만들어 낸다는 사실이 발견되었고, 금속 소재의 한 부분으로 사용되었지. 일종의 조합의 개념으로 말이야.

현대 사회에서도 탄소가 또 다른 형태로 신소재 혹은 첨단소재로 주목받고 있는데, 바로 한 번쯤은 들어 봤을 탄소나노튜브나 그래핀이 그 예야. 탄소나노튜브나 그래핀은 탄소 그 자체이며 무언가 다른 원소가 조합된 것도 아니지만, 보편적으로 우리가 떠올리는 숯이나 석탄, 흑연과는 또 다른 특성을 갖는 비금속 소재야. 전기가 통하고 휘어질 수 있는데도 매우 튼튼한, 탄소로만 이루어진 소재. 탄소만이 아니야. 인(P) 역시 예로부터 같은 원소지만 다른 형태로 결합된 동소체allotrope들이 존재한다고 알려져 있어. 색상과 특성이 다른 인의 종류로는, 성냥의 발화에 사용되는 붉은색 적린red phosphorus, 백린탄 등의 무기를 만드는 데 사용되는 백린white phosphorus 등이 있어. 이 외에도 자주빛의 자린purple

과 검은빛의 흑린 black phosphorus 이 있지. 최근에는
흑린의 다양한 특성이 밝혀짐에 따라 차세대 신소재로 주목
받고 있고. 동일한 원소라도 원자의 배열과 결합 형태에 따라
다양성이 나타나기 때문에 신소재 발굴에는 원자 수준에서의

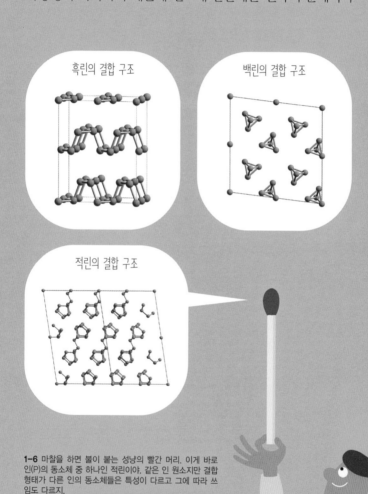

흑린의 결합 구조

백린의 결합 구조

적린의 결합 구조

1-6 마찰을 하면 불이 붙는 성냥의 빨간 머리. 이게 바로
인(P)의 동소체 중 하나인 적린이야. 같은 인 원소지만 결합
형태가 다른 인의 동소체들은 특성이 다르고 그에 따라 쓰
임도 다르지.

접근이 가능성을 높여 줘.

기준에 따라 소재를 분류해 보자

기체, 액체, 고체 중 소재는 어떤 형태를 띨까? 물건을 만드는 데 재료가 되는 물질이기 때문에 소재로 구분되는 물질들은 기본적으로 고체 상태를 띠고 있어. 반대로 소재를 활용해 무엇인가를 만들어 낼 때 첨가되거나 반응을 돕는 물질 중 액체나 기체의 경우에는 '반응 물질' 혹은 '첨가제' 등처럼 보조작용에 관여하는 경우가 많아. 소재를 바라보는 관점 역시 구성 물질, 구조, 용도 혹은 그 외의 임의의 기준에 따라 다양할 수 있는데, 가장 기본적으로 구조를 기준으로 소재를 분류하자면 크게 다음 네 가지로 나눌 수 있어.

금속 재료
비금속 무기재료
고분자 재료
복합 재료

금속 재료는 보편적으로 합금의 형태고, 앞서 살펴본 다양한 금속성 원소들이 균질하게 조합되어 이루어진 신소재가 바로 여기 해당해. 조건이 맞춰지면 본래의 모습으로 복구되는 형상기억합금이나 초전도 소재가 대표적인 금속 신소재의 일종이야.

비금속 무기재료에 해당하는 것은 흔히 세라믹 ceramic 이라 일컫는 종류의 물질이야. 도자기나 그릇의 소재를 칭할 때 자주 사용하는 용어가 세라믹인데, 정확히는 금속 양이온과 비금속 음이온의 결합으로 이루어진 소재를 통칭하는 용어야. 여름철 피부에 바르는 자외선 차단제에 포함된 이산화 타이타늄(TiO_2)이나 산화 아연(ZnO)과 같은 산화물(산소와 결합해 형성된 물질)부터, 최근 많은 주목을 받는 금속 질화물이나 탄화물들이 비금속 무기재료지.

질화물과 탄화물은 처음 들어 보겠지만, 어떤 형태일지 예상할 수는 있어. 금속 양이온이 질소와 결합해 형성된 질화 타이타늄, 질화 지르코늄 등의 신소재, 그리고 탄소와 결합해 탄생한 탄화 철, 탄화 텅스텐 등의 신소재가 여기 해당해. 처음 듣는 물질들이 많겠지만 질화물과 탄화물은 매우 높은 강도와 내열성, 그리고 화학적 안정성을 보여서 절삭공구부터 다양한 응용 분야에 활용되고 있어. 또한 화학반응을 보다 효율적으로 일으키게 돕는 촉매 효과가 발견되어서 전도유망한 신소재로 최근 많은 관심을 받고 있지.

플라스틱으로 친숙한 고분자 재료는 생활과 밀접한 연

관이 있는데, 금속보다도 강한 플라스틱을 비롯해 기존 플라스틱의 기능성이 더욱 향상된 신소재들이 있지.

조합과 상호작용, 그리고 재발견의 측면에서 이들보다 최근 더 많은 연구가 집중되는 소재가 바로 복합 재료야. 앞서 언급된 금속, 비금속, 그리고 고분자 소재들이 용도에 맞게 조합되어 이루어지는데, 단순히 둘을 붙이거나 연결하는 게 아니라 화학적인 수준에서 다양한 전략을 통해 완전히 새로운 소재를 만들어 낼 수 있어. 이온성 고분자 표면이 백금 (Pt)이나 금(Au)과 같은 금속으로 도금되어 이루어지는 이온성 고분자-금속 복합체 같은 경우 전기 자극을 통해 인공 근육 역할을 하는 등 흥미로운 현상이 많이 관찰될 수 있어.

선사시대부터 소재는 인간의 삶을 지탱하는 중요한 한 축으로 작용해 왔고, 현대 사회에서도 이는 마찬가지야. 그 시대의 최전선에서 새로운 소재는 언제나 발견되었고, 그 발견은 역사와 문명을 크게 뒤흔들어 흐름의 방향을 주도해 왔다 해도 과언이 아니야. 모든 소재를 다 살펴보는 것보다는 현대 사회에서 주목받는 신소재들과 이들이 어떤 화학 작용으로 탄생했는지 알아보는 것이 유용하겠지? 지금부터 함께 살펴보자!

2

석탄보다 유용한, 다이아몬드보다 가치 있는 탄소 신소재

먼 옛날 유인원이 출현할 때부터 현대에 이르기까지 계속해서 유용하게 사용된 원소는 바로 탄소(C)야. 소재를 화학적 관점에서 살펴보려는 우리의 목적에 걸맞게 화학이 시작되는 순간이 언제였을지 고민해 본다면 인류가 의지를 가지고 불을 사용하는 법을 깨닫는 순간이라고 할 수 있어.

흔히 불을 만들어 내기 위해 필요한 세 가지 요소가 있다고 하지. 타기 위한 물질(연료), 불을 유지하기 위한 산소의 공급, 그리고 발화점 이상의 높은 온도 말이야. 이 세 요소가 모두 충족되는 순간 우리는 '연소combustion'라는, 인류에게 가장 오래된 화학반응이자 화학의 근원을 마주할 수 있어. 지극히도 화학적인 이 이야기는 의외로 우리가 지금부터 줄곧 살펴볼 신소재에 대해 이해하는 것을 도와줄 수 있으니 더 자세히 뜯어보자.

물질 변화의 당김쇠, 연소와 산화

나무, 플라스틱, 옷감 등 대부분의 물질은 불을 만나면 타올라서 재를 남기고 사라진다는 것은 너무나도 당연한 이야기야. 이러한 물질들은 연소라는 화학반응을 거쳐 빛과 열을 내며 다시는 되돌아갈 수 없는 경로를 통해 다른 물질로 변화하는데, 이와 같은 일방통행 화학반응을 '비가역 irreversible'적인 반응이라고 해. 그럼 연소 반응에서 발생하는 빛과 열은 어디서부터 온 걸까? 흔히 '빛에너지' 또는 '열에너지'라고 일컬어지는 형태는 마이크로파, 가시광선, 적외선이나 입자의 운동 등 수많은 형태로 물질이 주위로 에너지를 방출하는 혹은 흡수하는 것을 의미해. 물질이 가진 많은 양의 에너지가 빛이나 열의 형태로 방출되는 것, 그것이 바로 연소라는 화학반응에서 관찰할 수 있는 현상이야. 결과는 물론 수북이 쌓인 타고 남은 재일 테고.

이 많은 양의 에너지는 물질을 이루는 원자와 원자 사이의 결합이 끊어지면서 그 안에 담겨 있던, 즉 결합 사이에 있던 것이 방출되는 거야. 하지만 만약 원자들이 아무 이유도 없이 저절로 서로 떨어져 버린다면 우리 주위에서 제대로 된 물질을 찾아볼 수 없겠지? 연소 반응에서 물질을 이루는 원자들은 외부로부터 유입된 다른 종류의 원자들과 다시 안정한 결합을 해. 이것이 바로 연소에 필요한 세 가지 요소 중 두 번째, 산소야.

연소 반응은 다르게 표현하면 '매우 빠른 속도로 일어나는 산화 반응'이라고 할 수 있어. 굳이 속도가 덧붙여진 이유는 예상이 가지? 산화 반응은 연소 반응만을 설명하는 것이 아닌, 화학의 세계에 존재하는 수많은 반응을 이루는 가장 근본적인 요인 중 하나야. 라부아지에Antoine-Laurent de Lavoisier 나 리비히Justus von Liebig 등의 과학자들이 활동하던 과거에는 산화 반응을 단순히 '산소와 결합하는 반응'이라고 정의해 왔어. 물론 틀린 이야기는 아니지만 이후 산과 염기에 대한 이해와 정의가 확립되면서 다른 관점들과 병행해서 재정립되었지. 예를 들면, '수소를 잃어버리는 반응'이라거나 '전자를 잃어버리는 반응' 역시 산화를 의미한다는 사실과 같이 말이야. 우리가 만날 다양한 신소재 중에는 이처럼 산소가 꼭 함께 존재해야만 하는 세라믹 같은 물질부터, 산소가 있어서는 안 되는 합금이나 금속 나노입자 같은 물질들이 있어. 물질이 연소하고 나면 다시는 되돌아올 수 없는 매우 안정한 물질이 형성되는 것처럼, 높은 온도에서 산화 반응을 일으켜 그 물성을 탄생하게 만드는 경우가 전자에 해당해. 흙으로 도자기를 빚어 가마에 넣고 섭씨 수백~수천 도로 구워 만들어지는 도자기가 그 예이자, 예로부터 사용되어 온 세라믹의 한 종류야.

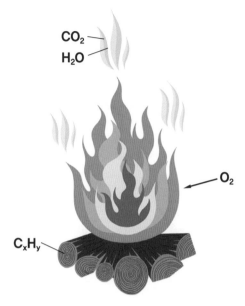

2-1 연소란 매우 빠른 속도로 일어나는 산화 반응이야.

　왜 산소가 함께 있으면 안 되는 소재들도 존재하냐고? 매우 빠른 속도로 일어나는 산화 반응이 연소였듯 매우 느린 속도로 일어나는 산화 반응 역시 존재하는데, 바로 금속에 녹이 스는 현상이 여기 해당해. 단단한 철도 오랜 세월 비바람을 맞으며 검붉게 녹슬면, 물리적인 강도가 떨어져 부러지거나 부스러지는 경우를 심심찮게 볼 수 있어. 구멍 뚫린 철조망이나 녹슬어 부서진 조각상에서 말이야. 금속 간의 견고한

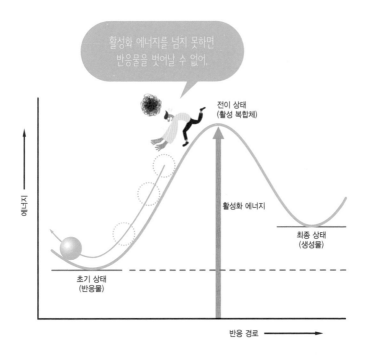

결합과 물성 발현이 필요한 신소재들에게는 산소를 만나 녹스는 현상은 피해야만 하는 위험 요소야. 그래서 녹슬지 않는 철인 스테인리스강이나, 양철 혹은 함석이라고도 불리는 아연(Zn)이 도금된 철판이 탄생하게 되었지. 그리고 이런 일반적인 산화 반응과 다르게 '매우 빠른' 산화, 곧 연소가 일어나는 것은 마지막 요인인 발화점 이상의 온도가 결정해.

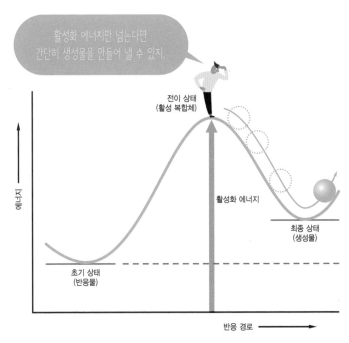

2-2 화학반응에서 반응이 일어나는 데 필요한 최소한의 에너지가 활성화 에너지야.

    모든 화학반응에는 '활성화 에너지 activation energy'라는 하나의 장벽이 자리 잡고 있어. 물이 높은 곳에서 낮은 곳으로 흐르는 이치와도 같이, 반응물과 생성물의 잠재적인 에너지 차이에 따라 화학반응 역시 어떤 방향으로 진행될지 예측할 수 있어. 하지만 이대로 모든 물질이 더 안정한 상태로 바뀌어만 간다면 그렇지 않은 물질은 이미 지구가 탄생하고 약

45억 년의 시간이 지나는 동안 모두 사라져야만 했을 거야. 연소 역시 물질이 에너지를 빛과 열의 형태로 방출하며 화학적으로 더 안정한 형태로 변화하는 화학반응의 일종이기 때문에 저절로 모든 물질은 불이 붙어 타 버려야만 하겠지. 이런 제어할 수 없는 무서운 일이 일어나지 않는 이유가 바로 활성화 에너지 때문이야. 사람들이 설치한 돌담이나 울타리를 상상해 보자. 이 담벼락은 높이가 높은 것도 낮은 것도 있어. 뛰어넘어가기 위해서는 그 높이에 따라 더 세게 혹은 더 가볍게 뛰어오르겠지. 담벼락을 넘기 위해서는 그 높이에 맞는 에너지를 가져야 하는 것처럼, 화학반응에서도 반응이 일어날 수 있는 최소한도 이상의 에너지가 필요하고, 그 에너지를 '활성화 에너지'라고 해. 그렇다면 이 에너지 장벽을 극복하는 방법은 뭘까? 우리는 그걸 온도에서 찾을 수 있어.

온도가 높다는 말은 열에너지가 많이 존재하는 것이라고 이해할 수 있는 것처럼, 가장 쉽게 이해할 수 있는 에너지 공급은 주위 온도 또는 반응 온도야. 이 때문에 연소에는 발화점 이상의 높은 온도가 필요해. 물론 에너지를 공급하는 방식에는 반응 온도를 높이는 것 외에도 다양한 방법이 있어. 자동차 내연기관에서 연료를 불태울 때처럼 전기 스파크를 발생시키거나, 성냥에 불을 붙이듯 마찰을 이용할 수도 있고 말이야. 소재를 만들고 제어하는 데에도 지금처럼 재료가 될 수 있는 원소들의 특성, 형성에 관여할 첨가제들의 유무, 마지막으로 반응을 제어하기 위한 환경적 조절이 필요해. 앞으로 많은 신소재를 살펴보는 데 있어서 이러한 화학적인 관점에서의 해석이 종종 사용될 테니 흥미롭게 지켜보자. 먼저 연소에 대한 이야기들이 나오게 되었던 탄소로 화제를 다시 옮겨 볼게.

진짜 다이아몬드를 확인하는 방법

화력을 얻기 위해 사용되는 석탄이나 요리 등 다양한 용도에 활용되는 숯, 그리고 연필심을 이루는 흑연부터 가장 단단하고 귀중한 보석으로 여겨지는 다이아몬드까지 이 모든 것은 탄소로 이루어져 있지. 석탄이나 숯처럼 연료로 이용되는 경우를 떠올려 보면, 탄소의 연소 반응이 중요한 역할을 한다고 예상할 수 있어. 연소 반응으로부터 빛과 열이 발생한다는 점은 이제 우리가 확실히 알게 되었는데, 그렇다면 탄소가 타 버린 후에 어떤 물질로 변화할까? 언제나 타고 나면 재가 남기 때문에 매우 다양한 물질이 생겨났을 것 같지만, 순수한 탄소가 연소되는 경우에는 이산화 탄소(CO_2)로 바뀌어 모두 공기 중으로 날아가 아무것도 남지 않아. 숯불이 타오른 뒤 우리가 볼 수 있는 잿빛의 가루들은, 숯의 원료인 목재에 포함되어 있던 탄소 이외의 다양한 원소들로부터 변화한 결과물이야.

　실제로도 순수한 탄소가 산화되면 아무것도 남지 않는다는 사실을 확인한 사례가 역사적으로 많아. 하나의 탄소 원자에 또 다른 탄소 원자 4개가 결합한 형태가 반복되며 그물 같이 촘촘한 구조를 형성해서 이루어진 다이아몬드는 이를 테스트하기에 가장 좋은 대상이었을 거야. 매우 비싸다는 문제만 제외한다면 말이야. 실제로 과거 저명한 프랑스의 화학자 라부아지에는 세금 징수관으로 매우 부유한 사람이었고, 태양 빛을 모아 수천 도까지 가열할 수 있는 거대한 태양로와 연소시키기 위한 다이아몬드를 구입해 이 실험을 시도했어. 결과적으로 이산화 탄소를 제외하고는 아무것도 남지 않고 완전히 연소된 다이아몬드는 순수한 탄소라는 것을 과학적으로 확인할 수 있었지. 하지만 라부아지에는 이후 프랑스 대혁명 때 부유함과 과학 실험에 투자한 많은 돈 때문에 단두대에서 목숨을 잃게 되는 안타까운 화학자이기도 해.

　단순히 탄소가 많은 비율을 이루는 석탄이나 숯과 같은 고전적인 물질들보다 순수한 탄소로 구성된 물질이 흥미로운 특징을 가지고 있다는 사실은 흑연과 다이아몬드를 비교해 보는 것으로 알 수 있어. 검은색을 띠며 무르고 잘 부서져서 필기에 사용되는 그리고 전기를 흐르게 하는 전도도가 양호

한 흑연과는 상이하게, 무색투명하며 세상에서 가장 단단한 물질이자 전기가 흐르지 않는 다이아몬드는 모두 탄소로만 이루어진 물질이야. 이렇게 큰 차이가 발생하는 것은 탄소들이 어떠한 형태로 서로 연결되어 있느냐, 바로 이 원자 수준에서 일어나는 화학적인 결합에 의해 결정되니 놀라울 수밖에.

원자들 간의 화학결합을 변화시킬 수 있다

다이아몬드를 태우니
이산화 탄소밖에 남지 않는군.

2-3 라부아지에는 실험을 통해 다이아몬드를 태웠을 때 이산화 탄소 이외에 아무것도 남지 않는 것을 확인하며 완전히 연소된 다이아몬드는 순수한 탄소라는 것을 증명해 냈어.

면 물질의 변화 역시 구현할 수 있어. 흑연에 초고온과 초고압을 가하면 다이아몬드로 바뀐다는 이야기는 익숙할 거야. 소재 측면에서 이 이야기에 대해 조금 더 살펴보고 오해를 풀어 볼게. 우리는 지각에서 출토된 뒤 멋지게 다듬어져 매우 비싼 가격에 유통되는 천연 다이아몬드와, 간단히 접할 수 있고 다이아몬드에 비해 비교적 저렴한 큐빅 cubic 이라는 인공 다이아몬드가 있다고 알고 있어. 고온 고압으로 만들어 낸 인공 다이아몬드가 큐빅일 것 같지만, 사실 큐빅은 큐빅 지르코니아 cubic zirconia 라는 산화 지르코늄(Zr)으로 이루어진 소재의 일종이야. 흑연을 통해 만들어지는 인공 다이아몬드는 보통 매우 작은 나노 다이아몬드 형태로 얻어지는 경우가 많아서 보석으로서의 가치는 없는 편이야. 만드는 것은 어렵지 않더라도 나노~마이크로미터 수준의 매우 작은 크기로 만들어지고 광채를 낼 수 있도록 겉을 다듬는 것이 너무 어렵거든. 과거 납으로 금을 만들겠다고 연구했던 연금술사들의 유지를 이제는 핵분열을 통해 구현할 수 있게 되었지만, 실제로는 금보다도 비싼 비용으로 인해 그 방법을 사용하지 않는 것과 같아. 하지만 이런 인공 다이아몬드들도 신소재로서 많은 가치가 있는데, 세상에서 가장 단단한 물질이라는 특징을 활용해서 절삭공구나 유리를 자르는 다이아몬드 커터 등의 기구를 만드는 데 흔히 사용되고 있어.

이제 우리의 관심을 순수한 탄소들이 특별한 결합을 통해 만드는 다양한 신소재들로 옮겨 가 보자. 소재로서 탄소가 주목을 받은 것은 흑연으로부터 시작되었어. Graphite라는 흑연의 영어 표기법이 글자 등을 '쓰다graphein'로부터 유래한 것처럼 오랜 옛날부터 흑연은 필기도구로 사용되어 왔지. 당시에는 흑연 외에도 납(Pb)이나 안티모니(Sb) 같은 원소들 역시 무르고 필기에 사용할 수 있는 특징 때문에 일상적인 용도로 사용되었어.

지각에서 출토되는 천연 흑연은 사실 순수한 탄소만으로 이루어져 있지는 않아. 광석이나 광물과 함께 발견되기 때문에 약간의 무기물이나 유기물이 혼합된 상태로 존재해. 흑연은 탄소들이 벌집 모양의 육각형 형태로 배열된 물질인데, 이는 탄소가 가지고 있는 전자들을 다이아몬드와는 다르게 배치할 수 있는 선택성이 있기 때문에 가능해. 무슨 말이냐고?

다이아몬드가 탄소 하나당 4개의 결합으로 그물 모양의 구조를 이룬다고 했지만, 사실 탄소는 화학적 범용성이 굉장히 높은 원소여서 또 다른 하나의 원자와 적게는 한 개의 결합(단일결합)부터 많게는 세 개까지의 결합(삼중결합)이 가능해. 원자들의 화학결합은 두 원자 사잇공간에 전자를 공유하거나 제공하는 과정을 통해 이루어지는데, 더 많은 전자가 자리 잡을수록 결합의 개수가 높아지지. 화학적 관점에서는 원자 사이에 전자 두 개가 자리 잡을 때 하나의 결합을 만든다고 볼 수 있어. 하나의 원자가 일방적으로 전자쌍을 제공할지 아니면 결합하는 두 개의 원자가 각각 한 개씩의 전자를 제공해 공유할지는 분자를 구성하는 원소의 종류에 따라 달라. 하지만 지금 우리가 살펴보는 탄소의 경우는 동일한 종류의 원소들이 결합을 만들기 때문에 공평하게 전자를 내놓고 공유하는 방식이 적용돼. 흑연처럼 탄소들이 납작한 평면 육각형을 만들기 위해서는, 하나의 꼭짓점마다 정삼각형 모양으로 세 개씩의 결합이 이루어져야 해. 곧, 하나의 육각형을 구성하기 위해 하나의 탄소 원자마다 평면 삼각형 형태로 화학결합들을 형성하고 난 후, 결합을 하나 더 만들 수 있는 여유 전자를 활용해 이중결합과 단일결합이 함께 존재하는 화학 구조를 만들 수 있어. 결과적으로, 네 개의 단일결합을 모두 해버린 다이아몬드보다 여유롭게 결합할 전자가 남아 있다는 이야기가 되는 거야.

물질의 물리·화학적 특성은 전자들이 좌우하는데, 남아 있는 전자의 유무에 의해 전기 전도도가 결정돼. 전자가 남아 있으면 전도도가 높고 없으면 반대겠지. 흑연은 전기 전도도가 양호하고, 다이아몬드는 부도체인 특성이 바로 여기서 결정되는 거지. 흑연은 먼 과거부터 존재해 왔던 물질이지만 현대 사회에서도 여전히 유용하게 사용되는 소재야. 경우에 따라 새로운 특성이 발견되고 특정한 분야에서 신소재로 여겨지기를 반복해 온 유서 깊은 소재지. 대표적으로 필기구의 심부터 시작해서 초고온을 견디기 위한 내열성 소재, 전지전극을 형성하거나 원자로의 반사재로 사용되고 있어. 탄소원자가 최대로 만들 수 있는 4개의 결합을 평면 삼각형 형태로 사용해 벌집 구조를 만들었기 때문에, 흑연은 높이가 없는 납작한 판상 구조들이 겹겹이 쌓여 있는 형태로 존재해. 이로부터 미끄러운 특징이 있어서(손에 연필이 많이 묻으면 미끈미끈해져) 심지어는 윤활제 등으로도 사용되는 흥미로운 소재지.

1985년, 흑연과 거의 유사한 화학결합을 이루지만 구조가 흥미로운 새로운 물질이 발견되었어. 흑연 조각에 강한 레이저를 쏘았을 때 그을음이 거뭇하게 남는데, 이를 분석하는 과정에서 20개의 육각형과 12개의 오각형의 배열로 만들어지는, 축구공과 완벽히 똑같은 형태의 탄소 원자 60개로 구성된 물질이 발견되었어. 지름이 머리카락 두께의 7만분의 1에 불과한, 약 1나노미터(0.000000001미터)의 지름을 갖는 순수한 탄소 축구공이라고 볼 수 있어. 이 물질은 동일한 기하 구조로 돔을 설계했던 미국의 건축가 버크민스터 풀러

Richard Buckminster Fuller 의 이름에, 이중결합이 포함된 탄소 화합물을 의미하는 접미어 '-ene'가 합쳐져 버크민스터 풀러렌 (buckminster fullerene; 이하 풀러렌 fullerene 으로 축약해서 사용)으로 불리게 되었지. 처음에는 단순히 흥미로운 모양을 갖는 탄소 물질로만 여겨졌는데, 다양한 시험 기법을 통해 더 많은 개수의 탄소가 포함된 풀러렌들을 형성하는 연구가 이루어졌어. 잠시 후에 살펴볼 탄소나노튜브 carbon nanotube 역시 이러한 연구 과정에서 발견된 또 다른 물질이야.

축구공 모양의 풀러렌은 비어 있는 내부 공간과 바깥쪽이 분리된 껍질 형태이기 때문에, 안쪽에 다른 금속 원자를 가두거나 외부에 다른 물질을 붙이는 등의 조절이 가능하다는 특징이 있어. 정전기 제거나 내열성을 높이기 위한 첨가제로도 사용되고, 앞서 살펴본 인공 다이아몬드를 만드는 재료로 사용한다면 아주 작은 다이아몬드 나노막대를 만들 수 있어. 이렇게 만들어진 다이아몬드는 일반적인 다이아몬드보다 최대 1.5배나 더 높은 경도를 보이기 때문에 또 다른 소재의 가능성이 생겨나지. 신소재로서의 풀러렌은 최근 유기발광다이오드 OLED 나 태양광 발전 등 디스플레이-에너지 분야에서 효율을 높여 주는 물질로 각광받고 있어. 석탄·석유 등의 탄소 물질을 연소해서 에너지를 얻을 수 있지만, 이로부터 발생하는 다량의 이산화 탄소는 지구 온난화와 환경 파괴를 가속

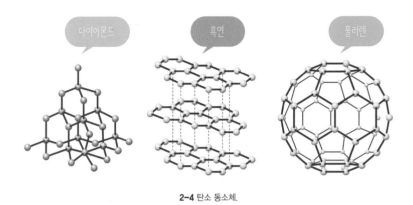

2-4 탄소 동소체.

한다는 우려가 높지. 현대 사회에서 태양광 발전이나 대체 에너지에 대한 관심이 계속 커지는 이유야. 여기에 적합한 소재로서 풀러렌의 가치가 주목받을 수밖에 없겠지?

점에서 선으로: 탄소나노튜브

우리는 3차원 공간에서 살고 있어. 이보다 더 작은 차원들에는 흔히 점으로 표현되는 0차원, 선으로 구성된 1차원, 그리고 평면으로 구성된 2차원이 있지. 풀러렌의 경우 실제로는 축구공 모양의 부피를 가진 3차원 물질이지만 우리가 관찰하는 규모에서는 너무나도 작은 점의 형태로 보일 거야. 그래서 풀러렌을 비롯한 매우 작은 구형 물질을 흔히 0차원 물질로 구분하곤 해. 가장 작은 형태를 만들어 냈으니 사람들의 관심은 이보다 조금 더 다루기 편하고 '선'이라는 특정한 방향으로 길게 뻗은 모양의 소재를 만들어 내는 쪽으로 심화되었겠지. 과학자들은 실제로 1차원의 선 형태를 갖는 순수한 탄소 물질을 발견하기에 이르러. 1991년 전기 방전 과정에서 형성된 탄소 덩어리를 전자 현미경으로 분석하는 과정에서 우리가 탄소나노튜브라고 부르게 될 기다란 탄소 물질을 확인하는 데 성공했거든. 수 나노미터 수준의 매우 짧은 직경에 내부 공간은 풀러렌처럼 텅 비어 있는 고무호스 모양의 튜브 형태를 이루기 때문에, 구성 성분과 구조로부터 탄소나노튜브라는 명칭이 붙게 되었지.

탄소나노튜브는 풀러렌보다 훨씬 더 긴 형태를 갖는 물질이기 때문에 구조가 서로 완전히 다를 것 같지만, 실제로 들여다보면 유사한 점이 많아. 다만 구형을 이루기 위해 육각형과 오각형이 번갈아 섞여 있는 풀러렌과는 다르게 탄소나노튜브는 육각형 구조만으로 쭉 연결되어 있어. 쉽게 생각하면 벌집 모양으로 이루어진 얇은 판의 양쪽 끝을 이어 붙여 튜브 모양을 만든 거야. 흑연과 같은 탄소 화학결합 구조로 이루어졌기 때문에 아주 우수한 강도를 갖고 전기 전도도가 존재한다는 것이 가장 큰 특징이야. 어느 정도로 강하냐면, 인장 강도(당기는 힘에 대한 강도)와 탄성률이 지금까지 발견된

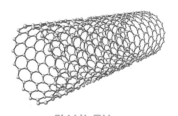

탄소나노튜브
(Carbon Nanotube)

가공

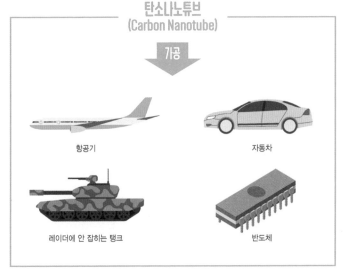

항공기

자동차

레이더에 안 잡히는 탱크

반도체

2-5 육각형 구조로만 길게 연결되어 있는 탄소나노튜브는 강도와 전기 전도도가 높아서 첨단 신소재로서 다양한 분야에 쓰이고 있어.

그 어떤 물질보다도 강한 최고의 소재야. 이런 특성을 바탕으로 탄소나노튜브는 높은 강도가 요구되는 분야에 널리 활용되고 있어. 언젠가 우주정거장과 지구를 연결해 물자 수송이나 공급을 우주왕복선 없이도 할 수 있는 날이 온다고 가정했을 때, 이 둘을 연결하는 우주 엘리베이터(승강기)가 버텨야 하는 강도를 갖는 핵심 소재는 탄소나노튜브 외에는 생각할 수 없다고 여겨질 만큼.

이런 먼 미래의 일이 아니더라도 탄소나노튜브는 특유의 우수한 전기 전도성을 바탕으로 전지 battery 분야에서 높은 가능성을 보이며 첨단 신소재로 사용되고 있어. 잘 알다시피 우리가 사용하는 전자 제품이 발전해 가며 점차 소형화되고 경량화되고 있어. 전자기기를 구성하기 위해 포함되는 집적 회로나 데이터 저장 장치 등 다양한 부품들이 모두 첨단화되고 있기 때문이기도 하지만, 실질적으로 소형화와 경량화에 핵심적인 작용을 하는 것은 전지야. 이는 가장 가벼운 금속인 리튬(Li)을 이용한 이온 전지가 개발되며 높은 전압과 효율을 보였기 때문이야. 하지만 발전에 가속이 붙은 것은 리튬 이온 전지의 음극(-)을 구성하는 소재로 탄소나노튜브를 활용하면서야. 단순하고 고전적인 탄소 물질인 흑연을 기반으로 만들어진 리튬 이온 전지에 탄소나노튜브를 추가하면서 전지의 충전 용량을 증가시키고, 반복되는 충·방전으로부터 소모되는 전지의 수명을 개선할 수 있었지. 탄소나노튜브는 에너지 분야 외에도 효율적으로 화학반응을 구현할 수 있는 촉매로도 쓰여. 또한 바이오센서 등 여러 응용 분야에서 활용 가능성이 높아지는 것을 연구로 확인하며 탄소 소재 중에서 지금까지 가장 널리 쓰이는 신소재라고 할 수 있어.

다시 흑연처럼 2차원 평면으로: 그래핀

풀러렌이나 탄소나노튜브보다 요즘 여러 매체에서 더 많은 관심을 받는 물질은 그래핀graphene이야. 사실 그래핀은 그렇게 새로운 물질은 아니야. 납작한 평면 형태가 겹겹이 쌓여 만들어진 흑연에서, 이 층간 구조를 한 겹씩 떨어뜨려 종이와 같이 단일 평면으로 물질을 분리해 낸다면 그것이 그래핀이거든. 겹겹의 층간 형태를 단일 평면으로 분리할 수 있다는 예측은 생각보다 오랜 옛날부터 있었어. 문제는 어떻게 하면 이 얇은 탄소막을 분리해 낼 수 있을지 기술적으로 도무지 방법이 보이지 않았다는 데 있었어. 얼마나 얇으냐면, 원자가 한 층을 이루며 옆쪽으로만 벌집 모양으로 쭉 배열된 두께는 0.2나노미터(100억분의 2미터)에 불과하거든. 이렇게 얇은 두께지만 앞선 탄소 소재들로부터 미루어 보건대 우수한 강도와 훌륭한 전기 전도도를 가지고 있을 테니 그야말로 꿈의 신소재라고밖에 여겨지지 않았지.

그래핀의 분리는 생각보다 고전적이고 단순한 방법으로 처음 이루어졌는데, 2004년 가임Andre Konstantin Geim과 노보셀로프Sir Konstantin Sergeevich Novoselov라는 두 러시아 물리학

자에 의해 성공해. 지금도 '스카치테이프 scotch tape 방법'이라
불리는 이 기술은, 연필심에 우리가 집에서 흔히 사용하는 스
카치테이프를 붙였다 떼어 낸 후에 테이프에 묻어 있는 흑연
가루를 유리 테이프로 여러 번 찍어 반복해서 떼어 내는 과정
을 통해 이루어졌어. 이 단순하고도 충격적인 방법이 세상에
그래핀을 선보인 시작이자 2010년 노벨 물리학상을 수상하게
한 공헌자였으니, 창의적인 과학이란 것은 멀지만 참으로 가
까이 있는 게 아닐까 싶어.

　물론 지금도 스카치테이프 방법으로만 그래핀을 분리
해서 사용하는 것은 아니야. 탄소들을 가지고 화학적으로 합
성하는 방법도 있고, 원하는 표면에 탄소 증기를 쏘이면서 증
착시켜 만드는 '화학 증착 Chemical Vapor Deposition; CVD' 방법 등
여러 기술이 개발되어 왔으니까. 여하튼 분리된 그래핀은 처
음 예상했던 것보다 더욱 뛰어난 특성들을 보여 줘서 실제로
'꿈의 나노물질'로 통용되고 있어. 탄소의 다른 동소체(한 종류
의 원소로 구성되어 있지만 배열 상태나 결합 방법이 다른 물질들)인
흑연이나 풀러렌, 탄소나노튜브에 비견될 만큼 높은, 강철의
200배를 넘는 강도는 물론이고 우리에게 전기를 공급하는 송
전선의 핵심인 구리(Cu)보다 100배 이상 높은 전기 전도도, 반
도체로 사용되는 결정성 실리콘(Si)보다 100배 이상 빠른 전자
전도도를 갖기 때문이야. 이뿐만이 아니야. 다이아몬드를 뛰

어넘는 열 전도성이 있으며, 구부러지거나 휘어져도 파괴되지 않는 탄성까지 보유하지.

이처럼 모든 종류의 장점을 가질 수 있는 이유를 역시 원자 수준에서 살피며 파악할 수 있어. 비금속 물질인 탄소임에도 불구하고 그래핀은 반도체와 마찬가지로 특징적인 에너지 구조를 가져서 반금속semi-metal으로 이해할 수 있거든. 그래핀이 어디에 사용되는지는 말하지 않아도 무궁무진하리라는 것, 예상할 수 있겠지? 전지나 태양광 발전, 자동차, 기기, 촉매를 포함해 심지어는 암 치료나 바이오센서와 같은 생명 과학 분야에까지 활용되고 있어. 그중 가장 대표적인 분야는

2-6 겹겹으로 쌓인 흑연의 층간 구조를 한 겹씩 떨어뜨려 단일 평면으로 분리해 낸 것이 그래핀이야. 0.2나노미터에 불과한 얇은 두께지만 강철의 200배를 넘는 강도에 구리보다 100배 이상 높은 전기 전도도를 가지고 있지.

전자기기의 화면을 구성하는 디스플레이 분야야.

그래핀은 너무나도 얇은 원자 한 층 두께이기 때문에 우리가 눈으로 볼 수 있는 가시광선을 투과하는 능력이 뛰어나. 흑연이나 풀러렌, 탄소나노튜브 모두 검은 그을음과 함께 관찰되었듯 새까맣고 불투명한 특성을 보이지만, 그래핀은 그야말로 투명한 전극이나 디스플레이를 만드는 데 사용될 수 있어. 유리처럼 보이지만 특별한 효과를 보이는, 그야말로 스마트 디바이스를 만드는 핵심이 그래핀이야. 또 탄성을 가지고 휘어지는 특성을 활용해서 손목에 감거나, 접어 두거나, 돌돌 말아 뒀다 필요할 때 펴서 사용할 수 있는 플렉서블 디스플레이의 탄생에도 그래핀이 기여하지. 그래핀의 수요와 활용 범위는 지금도 계속해서 급격히 성장하고 있어서 아마 향후 10~20년간은 그래핀이 산업을 지배하는 핵심적인 신소재로 자리를 지킬 거야.

그래핀을 넘어서, 차세대 신소재들

흑연부터 그래핀까지 탄소 동소체들로 이루어진 다양한 신소재를 비교해 보았어. 그래핀이 풀러렌이나 탄소나노튜브보다 더 큰 기대를 받는 것은 우수한 물리·화학적 특성들 때문이기도 하지만 물질이 아닌 소재 측면에서 다루기 쉽고 넓은 면적에 고르게 분포할 수 있다는 장점도 한몫해. 이처럼 물질이 다루기 편한가의 여부 역시 소재의 가치를 좌우하는 요소야. 그래핀과 같은 2차원 평면 소재들은 그런 측면에서 선호될 수 있지.

최근에는 그래핀과 유사한 구조를 갖지만 탄소가 아닌 다른 원소들로 이루어진 차세대 신소재들에 대한 발굴이 계속되는 중이야. 대표적으로 주기율표상에서 탄소보다 하나 뒤에 있어서 한 개의 전자가 더 많은 질소(N)와, 하나 앞에 있어서 한 개의 전자가 적은 붕소(B)가 1:1의 비율로 모여 만들어지는 질화 붕소 boron nitride 가 있어. 또한 인의 한 종류인 흑린 역시 평면 구조를 가지며 그래핀에 비해 전류를 제어하기 용이하다는 장점이 있어서 차세대 반도체 신소재로 많은 기대를 받고 있지. 주기율표상 2~3주기에 해당하는 가벼운 전형원소들로 이루어진 다양한 신소재들은, 지각에 풍부하게 존재하는 원소들이자 가격이 저렴하다는 장점 때문에 계속해서 연구와 개발이 진행되는 매력적인 물질들이야.

3

모래에서 탄생한 빛:
반도체 신소재

우리는 과연 어느 시대에 살고 있을까. 인류는 돌을 깨뜨리고 연마해 사용하는 법을 깨달은 석기시대를 출발점으로, 구리·청동·철의 사용으로 대표되는 다양한 역사 시대를 거쳐 수많은 동력장치와 전자기기로 가득한 첨단 문명 시대를 살아가고 있어. 건축물, 자동차, 집기류 등 유용하게 사용하는 거의 모든 제품이 단순한 철을 넘어 여전히 철을 바탕으로 한 합금들로 이루어져 있기에 지금 문명이 철기시대의 연장선상에 있다고 말하기도 해. 하지만 구조적인 측면이 아닌 실제 유지되고 운영되는 측면에서는 컴퓨터나 휴대폰을 비롯한 전자기기, 그리고 이들을 바탕으로 한 다자간 인터넷 통신이 더욱 중요한 역할을 하지.

결과적으로 현대 사회를 제2의 석기시대라 부르는 풍조도 있는데, 이런 명칭이 붙은 이유는 전자기기를 구성하는 가장 중요한 요인이 석기(돌)로부터 유래하기 때문이야. 왜 철이 아닌 돌이냐고? 바로 모래에서 생산되는 반도체가 이번 이야기의 주인공이야.

반도체란?

우리 주위 물질들을 구분하는 기준은 여러 가지지만, 그중 하나는 얼마나 전기를 잘 전달하느냐야. 철, 구리, 금과 같은 금속으로 이루어진 물질은 전기가 잘 통하는 도체 conductor로 구분되고, 옷을 구성하는 섬유나 고무, 유리, 대다수의 플라스틱은 전기가 흐르지 않는 부도체 insulator 혹은 절연체로 분류되지. 전기의 흐름을 의미하는 전류는 전자의 이동으로 정의할 수 있는데, 전자가 도선이나 경로를 따라 이동하는 방향의 정반대 방향을 전류의 방향이라고 말해. 건전지와 꼬마전구를 전선으로 연결해 불빛이 들어오도록 간단한 회로를 만들 때, 우리는 건전지의 양극에서 음극 방향으로 전류가 흐른다고 말하지. 바꿔 말하면 전자는 음극 방향에서 나와서 양극 방향으로 이동하는 거야. 전기가 얼마나 잘 전달되느냐는 바로 이 전자들을 옮겨 줄 특징이 얼마나 우수한지로 해석될 수 있어. 용액 속에서 이와 같은 작용을 하는 물질들을 '전해질'이라 부르는데, 일반적으로 증류수는 전해질이 존재하지 않아서 전기가 통하지 않아. 하지만 소금($NaCl$)과 같은 이온성 물질을 녹이면 양의 전하를 띠는 소듐 양이온(Na^+)과 염화 이온(Cl^-)이 생성되어 전기가 통하게 된다는 예가 자주 언급되곤 해.

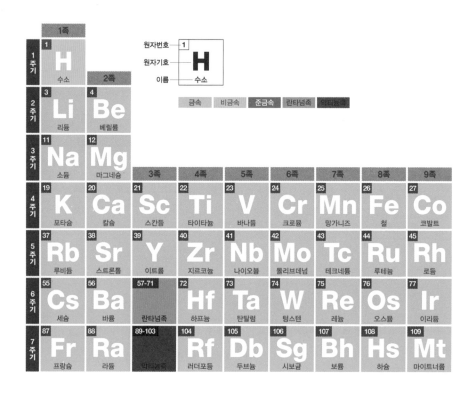

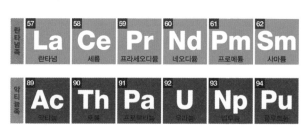

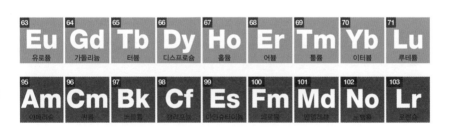

								18족
								2 **He** 헬륨
			13족	14족	15족	16족	17족	
			5 **B** 붕소	6 **C** 탄소	7 **N** 질소	8 **O** 산소	9 **F** 플루오린	10 **Ne** 네온
			13 **Al** 알루미늄	14 **Si** 규소	15 **P** 인	16 **S** 황	17 **Cl** 염소	18 **Ar** 아르곤
10족	11족	12족						
28 **Ni** 니켈	29 **Cu** 구리	30 **Zn** 아연	31 **Ga** 갈륨	32 **Ge** 저마늄	33 **As** 비소	34 **Se** 셀레늄	35 **Br** 브로민	36 **Kr** 크립톤
46 **Pd** 팔라듐	47 **Ag** 은	48 **Cd** 카드뮴	49 **In** 인듐	50 **Sn** 주석	51 **Sb** 안티모니	52 **Te** 텔루륨	53 **I** 아이오딘	54 **Xe** 제논
78 **Pt** 백금	79 **Au** 금	80 **Hg** 수은	81 **Tl** 탈륨	82 **Pb** 납	83 **Bi** 비스무트	84 **Po** 폴로늄	85 **At** 아스타틴	86 **Rn** 라돈
110 **Ds** 다름슈타튬	111 **Rg** 뢴트게늄	112 **Cn** 코페르니슘	113 **Nh** 니호늄	114 **Fl** 플레로븀	115 **Mc** 모스코븀	116 **Lv** 리버모륨	117 **Ts** 테네신	118 **Og** 오가네손

63 **Eu** 유로퓸	64 **Gd** 가돌리늄	65 **Tb** 터븀	66 **Dy** 디스프로슘	67 **Ho** 홀뮴	68 **Er** 어븀	69 **Tm** 툴륨	70 **Yb** 이터븀	71 **Lu** 루테튬
95 **Am** 아메리슘	96 **Cm** 퀴륨	97 **Bk** 버클륨	98 **Cf** 캘리포늄	99 **Es** 아인슈타이늄	100 **Fm** 페르뮴	101 **Md** 멘델레븀	102 **No** 노벨륨	103 **Lr** 로렌슘

3-1 주기율표에는 원소들의 특징도 새겨져 있어. 금속 원소와 비금속 원소, 준금속 원소를 찾아볼래?

주기율표를 보면 원소의 종류와 이름 외에도 그 원소들이 어떤 상태로 존재하는지 혹은 어떤 특징을 갖는지도 함께 표기되어 있어. 도체와 부도체를 구분하는 가장 용이한 기준인 금속 원소와 비금속 원소가 매우 다양하게 자리 잡고 있다는 사실도 쉽게 확인할 수 있고. 그런데 금속과 비금속이 아닌 다른 종류의 원소들 또한 가운데 위치한 것이 보일 거야. 5번 원소인 붕소(B)부터 시작해서 대각선 아래 방향으로 자리 잡고 있는 규소(Si), 저마늄(Ge), 비소(As), 안티모니(Sb), 텔루륨(Te), 그리고 아스타틴(At)인데, 이 원소들을 준금속metalloid으로 구분해. 정식 명칭이 정해진 지 얼마 되지 않은 인공 원소인 테네신(Ts)과 오가네손(Og)의 경우에는 대각선 위치상 준금속으로 예측되나 아직 정확히는 알 수 없으니 포함하지 않고 있어. 또 다른 명칭으로는 반금속semi-metal이라 불리기도 하는데, 용어에서 느낄 수 있듯 금속과 비금속의 중간 성질을 갖는다고 예측할 수 있지?

물론 비교적 단단하고 광택이 있고 전성과 연성이 뛰어난 금속의 성질과 이와는 반대 위치에 있는 비금속 성질의 딱 중간 정도로 모든 것이 분포되어 있다는 것은 아니야. 정확히 이러한 특성들이 어떤 기준에 들어맞으면 준금속 혹은 반금속으로 분류된다는 정의가 명확하지는 않기 때문에, 단순한 구분 외에는 잘 사용되지 않는 표현이기도 해. 하지만 우리가 지금 살펴보고자 하는 반도체라는 물질에 대해서는 준금속이 주인공이 될 수 있어.

반도체semiconductor라는 단어를 보면 조금 전에 알아봤던 준금속이나 반금속과 비슷한 표현이라는 생각이 들 거야. 하지만 단순히 도체와 부도체의 중간 정도로만 어중간하게 전기가 통한다면 굳이 명칭까지 붙여 가며 구분할 필요는 없을 거야. 전도율이 보통인 물질 정도로 생각하면 될 테니까. 반도체는 상온에서는 도체처럼 작용해 전자를 이동시키기 좋지만, 매우 낮은 저온에서는 부도체처럼 행동하는 특징을 가져. 그런데 단일 준금속으로만 이루어진 (예를 들어 규소) 반도체는 우리 생각만큼 전기를 쉽게 통과시키지는 않아. 하지만 다른 원소 몇 종류가 함께 혼합되거나 열이나 빛이 가해지면 전도도가 변화하는 흥미로운 현상이 나타나.

물론 이런 특성들을 실제로 우리가 조절할 수 없다면 효과적인 소재로 사용되기 어려울 거야. 예를 들어, 금속으로 이루어진 도체 물질은 반도체보다 더욱 뛰어난 전기 전도도를 보이지만, 그 정도를 우리가 임의로 조절할 수 없기 때문에 송전선이나 회로처럼 빠르고 효율적으로 전달만 하면 되는 부분에 사용되고 있어. 하지만 반도체는 앞서 언급했던 열이나 빛을 쪼이거나 전압을 조절하는 것 외에도 소재적인 측면에서 조성을 바꾸는 화학적인 조절을 통해 특성을 다양하게 변화시킬 수 있다는 정말 큰 장점을 가지고 있어. 이렇게 신기한 소재가 어떤 원리로부터 발명되어 발전해 온 걸까?

반도체의 기본 원리: 에너지띠

반도체를 구성하는 소재 역시 물질, 곧 원자들의 집합체이기 때문에 그 기본 원리는 모두 원자와 분자 수준에서 작용하는 화학적 사건에 기반하고 있어. 원자가, 중심에 자리 잡은 양성자와 중성자의 집합체인 원자핵과 그 주위를 감싸는 전자로 구성된다는 사실은 앞서 살펴보았지? 여기서 조금 더 깊이 들여다보면, 양성자와 중성자는 원자핵이 강하게 뭉쳐 있기 때문에 제외하더라도 주위를 감싸는 전자들은 어떤 원리로 그 위치와 범위가 결정되는지 궁금증이 생길 거야. 지구를 비롯한 행성들이 태양을 공전하는 모습을 상상한다면 결론에 빠르게 도달할 수 있어. 각각의 행성들은 정해진 '궤도orbit'를 회전하는데, 원자의 구조도 이와 유사하다고 생각하면 돼.

전자들은 원자핵 주위를 정해진 궤도를 따라 돌고 이 궤도들은 에너지의 높낮이를 의미해. 하나의 원자라면 정확하게 구분되는 궤도, 곧 에너지 준위가 있겠지만 수많은 원자가 모여서 형성되는 소재의 경우에는 에너지 준위들이 상호

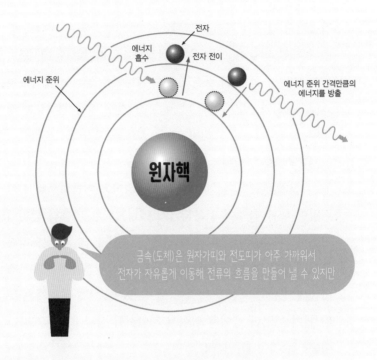

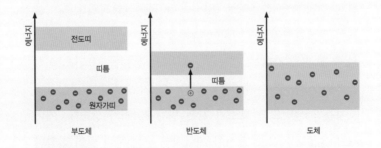

3-2 단일 원자에서 전자의 이동 원리(위)와 물질의 종류에 따른 띠 모형(아래).

작용하며 각자의 자리를 찾아가기 때문에 두터운 띠와도 같은 형태를 만들어. 이것을 에너지띠 band 라 칭하는데, 전자들이 채워져 있는 더 낮은(안정한) 에너지를 갖는 원자가價띠 valence band 와, 비어 있고 더 높은(불안정한) 에너지를 갖는 전도띠 conduction band, 그리고 그 둘 사이를 지칭하는 띠틈 band gap 의 구조를 형성해.

도체와 부도체 역시 물질을 구성하고 이들로부터 전기전달에 대한 특성이 구분되기에 에너지띠와 띠틈의 원리에 기반하고 있어. 금속(도체)의 경우에는 원자가띠와 전도띠가 붙어 있거나 아주 가깝게 자리 잡고 있어서 전자가 자유롭게 이동해 전류의 흐름을 만들어 낼 수 있어. 반면 부도체는 두 띠가 매우 멀리 떨어져 있어서 일반적인 상황에서는 전자가 이동하는 것이 불가능해.

그렇다면 반도체는? 특정한 상황에서는 원자가띠에 채워진 전자들이 전도띠로 튀어 올라가는 선택적인 전도성을 보이는 물질이야. 이 때문에 다른 종류의 원소를 첨가하거나 열 혹은 빛을 가하는 행위가 전도성을 조절하는 요인으로 작용하는 거야. 열이 가해져 온도가 올라가면 소재를 구성하는 (전자를 포함한) 모든 요소가 갖는 위치에너지가 상승해. 에너지가 높은 전자들은 활성화 에너지를 갖는 것을 넘어 화학반응을 일으키는 것처럼 전도띠로 더 쉽게 이동할 수 있고, 이 때문에 저온에서는 부도체처럼 전류가 잘 흐르지 않지만 온도가 높아지면 도체의 특성을 보이는 거야. 빛을 쪼이면 빛에너지가 전자에게 가해져서 더 높은 에너지를 가져야만 위치할 수 있는 전도띠로 이동하는 방식이지. 태양광 발전이 바로 이 원리를 사용하고 있어. 다른 종류의 원소를 첨가하는 경우에는 반도체를 이루는 원소와는 다른 에너지 준위가 추가되기 때문에, 추가하기 전에 비해 띠틈이 좁혀져 전류가 더 잘 흐를 수 있게 조절할 수 있어.

반도체, 어떻게 만들어지고 어떤 소재를 탄생시켰을까

반도체의 시작은 '발명왕'이라는 별명을 달고 있는 에디슨Thomas Alva Edison이야. 에디슨이 전구를 연구하는 과정에서, 진공 상태에서 가열된 필라멘트로부터 전자가 튀어나와 금속판으로 이동하며 전류를 흐르게 만드는 현상을 발견했는데 이를 에디슨 효과라 이름 지었어. 하지만 실질적인 발명은 에디슨에 의해 이루어지진 않았고, 20세기 초 영국의 플레밍John Ambrose Fleming이 2극 진공관diode를 탄생시키며 시작되었어. 비록 명칭은 '다이오드'로 우리에게 친숙한 전자기기 속 작은 부품을 떠올리기 쉽지만, 당시 개발된 진공관은 진공 유리관 속에 필라멘트가 들어 있는 모습으로 제작된, 크고 파손되기 쉬운 물품이었어. 백열전구도 일정 시간 이상 사용하면 수명이 다해 필라멘트가 끊어져 교체해야 하는 것처럼, 플레밍이 개발해 보급된 진공관도 필라멘트의 수명이 문제였지. 하지만 이러한 진공관은 최근에도 가정에서 사용하는 마이크로파 오븐(전자레인지)이나 고급 음향기기를 만드는 데 여전히 사용돼. 물론 주기적으로 교체해 줘야 하지만.

진공관 탄생은, 통신기술이 개발되는 과정에서 아주 멀리 떨어져 있는 사람들 간에도 원활한 대화가 이루어지도록 빠르고 효과적인 전달 방법을 구현하려는 노력에서 나왔어. 먼 곳까지 신호가 소실되지 않고 전달되기 위해 세기를 증폭해야만 했고, 진공관이 이러한 기능을 할 수 있었지. 진공관은 최초의 컴퓨터라 불리는 에니악ENIAC을 만드는 데도 사용되었는데, 무려 1만 8000개의 진공관이 사용되었다고 해. 우리는 최초의 컴퓨터가 방 하나를 가득 채울 만큼 크고 무겁다는 사실을 대체로 알고 있지만, 수많은 진공관의 사용 전력과 이로부터 발생하는 열을 완화하기 위해 사용되는 냉각 비용이 시간당 무려 650달러(현재 기준 한화 약 70만 원)나 소요되었다는 놀라운 사실은 감춰져 있지. 이후 필라멘트가 타서 끊어지는 일이나 고열이 발생하지 않는, 진공관을 대체하기 위한 신소재에 대한 발명이 큰 관심사로 떠올랐고, 마침내 1948년

3-3 반도체 소재가 본격적으로 개발되면서 작고 기능이 향상된 컴퓨터가 현대 사회의 필수품이 되었지.

벨 전화 연구소의 윌리엄 쇼클리William Bradford Shockley, 존 바딘John Bardeen, 월터 브래튼Walter Houser Brattain이 반도체로 이루어진 다이오드와 트랜지스터를 탄생시켰어.

　반도체 소재가 개발될 수 있었던 것은 저마늄(Ge)이나 규소(Si)에 다른 원소를 미량 혼합하면 갑자기 전도도가 높아지는 현상이 발견되면서부터였어. 요즘 보편적으로 반도체를 만드는 데 가장 핵심으로 사용되는 규소는 무려 99.9999999%

의 초고순도 단결정 규소인데, 규소는 14족인 탄소족으로 구분되는 원소인 만큼 보유하는 4개의 최외각 전자를 서로 결합하는 데 전부 다 사용해. 결과적으로 원자들이 줄 맞춰 규칙적으로 나열된 단결정이 형성되지만, 모든 전자를 규소 원자들끼리 결합하는 데 사용하기 때문에 전기가 흐를 수 없다는 문제가 발생하지. 이 상태에서는 전압을 걸어 주어도, 온도를 높여도, 빛을 가해도 전도도가 거의 없는 부도체에 가까운 물질이라 할 수 있어. 하지만 규소보다 전자가 하나 더 많거나 적은, 비슷한 크기를 갖는 원소를 불순물처럼 섞어 주면 전도도가 오히려 높아지지.

흔히 우리는 불순물이라 하면 부정적인 영향을 끼치는, 제거되어야만 할, 원치 않는 요소라고 생각할 거야. 하지만 불순물이 방해하는 요인이 기존에 해결되어야만 하는 부분이었다면 결과적으로 우리가 원하는 일이 가능해진다고 할 수 있어. 물론 불순물이기 때문에 너무 많은 양을 혼합하면 소재의 근간을 이루던 단결정 규소가 제대로 작동하지 못하고 오히려 문제가 발생하기 때문에 적절한 양을 첨가해야 하는데, 이처럼 소량의 불순물을 혼합해 주는 과정을 도핑 doping 이라고 해.

규소보다 최외각 전자가 1개 더 많은 5개를 보유한 인 (P)이나 비소(As)를 도핑하면 결합을 모두 이루고도 전자가 남

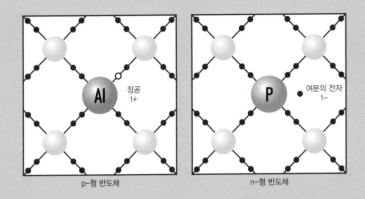

정공
1+

여분의 전자
1-

p-형 반도체

n-형 반도체

p-형 반도체는 규소보다
전자 하나가 부족한 상태, n-형
반도체는 규소보다
전자 하나가 남는 상태야.

3-4 p-형 반도체와 n-형 반도체의 구조.

기 때문에 전류가 흐를 수 있는 상태가 돼. 이러한 종류의 반
도체를, 음negative의 전하를 기반으로 작동한다고 해서 n-형
반도체라고 불러. 반대로 규소보다 전자가 1개 부족한 13족

원소인 붕소(B)나 알루미늄(Al)을 도핑하면 어떻게 될까? 전자가 결합을 이루기에 부족해져서 전자가 비어 있는 정공hole이라는, 양의 전하를 갖는 매개체가 생겨나 전류를 흐르게 만들지. 물론 이 경우에는 양positive의 전하가 핵심이기 때문에 p-형 반도체라고 불러. n-형 반도체와 p-형 반도체를 접촉해 다이오드를 만들고, p-n-p 또는 n-p-n과 같이 셋을 연결하면 트랜지스터가 탄생해. 이후 트랜지스터를 비롯한 여러 전자부품을 하나의 작은 반도체 속에 층층이 집약해 넣는 집적회로Integrated Circuit; IC가 만들어지며 전자기기는 비로소 고성능과 소형화를 동시에 이룰 수 있었지.

반도체라는 신소재의 개발과 발전은 모래로부터 추출된 단결정 규소의 형성, 그리고 불순물 도핑을 통한 전도성 향상이라는 발견이 없이는 불가능한 사건이야. 하지만 반도체를 전자부품과 집적회로를 만드는 곳에만 사용한다고 생각하면 큰 오산이야. 반도체의 활용 분야와 이에 적합한, 새롭게 발견되는 신소재들의 종류는 우리 예상보다 훨씬 다양해.

이렇게나 다양한 첨단 반도체 신소재들

반도체의 기본 원리를 다시 한 번 떠올려 볼까. 반도체는 전자로 가득 차 있는 원자가띠에 전기를 공급하거나, 열

혹은 빛을 통해 전자가 띠틈을 넘어 전도띠로 도약하는 과정을 통해 이루어졌어. 도체는 이러한 도약이 너무 쉽게 일어나서 제어할 수 없는 물질이고, 부도체는 띠틈이 과도하게 넓어 도약이 일어날 수 없는 물질이지. 그렇다면 전기나 열, 빛과 같은 자극을 통해 전자의 이동을 우리 의지대로 조절할 수 있는 반도체는 전자제품의 부품으로 사용하는 것 외에도 더 많은 활용 분야가 있을 것 같지 않니?

원자가띠의 전자가 전도띠로 도약해 올라가면 어떤 일이 생길까. 분명 원래 전자가 차지하던 궤도 속 에너지 준위가 존재했을 텐데, 그곳이 이제는 텅 비어 전자가 부족한 상황이 벌어진 거야. 전자가 더 많이 남아 있는 n-형 반도체와 전자가 부족한 p-형 반도체를 살펴보면서 전자가 부족한 공간인 정공이라는 용어를 함께 알아봤지? 결국 전자가 도약하는, 흔히 '들뜬다'라는 현상에 의해 높은 에너지를 갖는 '열전자hot electron'가 전도띠에, 그리고 원자가띠에는 정공이 만들어지게 돼. 자, 이제 이렇게 생겨난 열전자가 이동하며 전류가 흐를 수 있게 되었는데, 만약 전자가 다시 원자가띠에 있던 자기 자리로 돌아간다면 어떤 현상이 관찰될까? 분명 낮은 에너지 준위에서 높은 에너지 준위로 올라갔던 것이니 그 과정에서 주위의 열이나 빛 혹은 공급된 전기로부터 에너지를 흡수했을 거야. 이제 다시 안정한 원자가띠로 내려간다니,

흡수해서 뜨거운 전자로 변화하는 데 사용했던 이 에너지는 어디로 내보내야만 하는 걸까.

에너지 방출은 일반적으로 다음 두 가지 방법을 통해 이루어져. ① 흡수했던 에너지의 형태와 유사하게 빛으로 내보내기 ② 반도체 주위 다른 물질과 화학반응을 일으켜 소모하기. 특히 빛으로 방출하는 방식은 이미 우리 주위에서 흔히 살펴볼 수 있는 유용한 활용법이야. 빛은 파장에 따라 매우 다양한 종류로 구분될 수 있어. 파장이 짧아질수록 높은 에너지를 갖고, 길어질수록 낮은 에너지를 갖지. 눈으로 관찰할 수 있는 '빨주노초파남보'의 가시광선visible light에서도 낮은 파장인 보라색이 고에너지 빛이고, 반대편에 위치한 빨간색은 저에너지 빛이야. 가시광선뿐만 아니라 보라색紫 밖外인, 더 짧은 파장을 갖는 빛인 자외선은 높은 에너지를 활용해 세균의 살균이나 오염물질의 분해에 사용되고, 빨간색赤 밖에 위치한 적외선은 에너지가 낮아서 안전하기에 의료용으로도 많이 이용돼. 결론적으로 말해 우리는 에너지 세기를 조절해서 빛의 파장, 곧 색상을 마음대로 바꿀 수 있어.

그렇다면 여러 가지 불순물을 도핑해서 띠틈을 조절할 수 있는 반도체는 원하는 색상을 방출하는 장치를 만드는 데 최고로 적합한 소재가 아닐 수 없어. 이런 장치를 우리는 발광다이오드 Light Emitting Diode, 줄여서 LED라 부르는데 현대 사회에서 가장 선호되는 조명이야. 반도체의 역사를 에디슨과 백열전구로부터 시작했지만, 사실 요즘에는 백열전구를 사용하는 경우가 드물어. 대신 밝고 하얀빛을 내뿜는 LED 전구를 사용하지. 물질 조성을 조절해 구성하는 반도체의 띠틈 넓이를 다양하게 변화시켜서 하얀빛만이 아닌 온갖 다양한 색상의 빛을 만들 수 있어. 게다가 수명도 약 3만 시간에 달할 정도로 길어서 5~10년의 실사용이 가능하지. 소모되는 전력 역시 조명용 형광등의 절반밖에 되지 않으니 도무지 단점을 찾아볼 수 없는 조명 기기라 할 수 있어.

LED의 제조에는 14족 규소나 저마늄과 같은 보편적인 반도체성 준금속 원소들보다는, 이들 도핑에 사용되던 13족 혹은 15족에 속한 원소들의 화합물이 사용되고 있어. 예를 들어, 인듐(In)-갈륨(Ga)-질소(N)의 화합물인 질화 인듐갈륨(InGaN)은 밝은 빛의 파란색이나 녹색 빛 또는 자외선을 만들 수 있고, 인화 알루미늄갈륨인듐(AlGaInP)은 노랑·주황·빨강 색상을, 비화 알루미늄갈륨(AlGaAs)은 빨간색과 적외선을, 인화 갈륨(GaP)은 노란색과 녹색을 각각의 띠틈 구조를 통해 만들어 낼 수 있어.

빛을 받으면 전류가 흐르는 특성으로부터 적외선 검출기나 기체 센서에 사용되는 반도체들도 있어. 15족 원소인 안티모니(Sb)와 결합한 13족 원소들이 이러한 반도체 신소

3-5 띠틈을 조절해 원하는 색상을 만들 수 있는 발광다이오드(LED). 도핑하는 원소에 따라 파란색, 녹색, 노란색, 빨간색 등의 빛을 만들어 낼 수 있어.

재로 사용되는데, 대표적으로 안티모니화 갈륨(GaSb)이나 안티모니화 인듐(InSb)을 꼽을 수 있지. 적외선과 관련한 특성을 활용해 반대로 적외선을 방출하는 LED를 제조하는 데도 사용하고, 열과 빛 그리고 전기가 직접적으로 연관되는 열광 thermophotovoltaic 에너지 변환에 사용되는 소재도 있어. 이외에도 레이저를 발생시키기 위한 질화 갈륨(GaN) 다이오드나 5G 휴대폰과 군용 레이더에 적용되는 질화 알루미늄인듐(AlInN)과 비화 인듐갈륨(InGaAs) 등이 있지. 조합으로 발현되는 다양한 특성을 기반으로 첨단 산업 분야에 반도체성 신소재의 발명과 활용은 계속되고 있어.

더 작은 세계, 반도체 양자점

진공관보다 더 작고 효과적인 증폭, 제어 효과를 통한 전자기기의 소형화 달성. 이것들이 반도체가 개발되어 적용되는 방향이야. 하지만 집적회로를 구성할 만큼 소형화되는 반도체 소자들이 현재 도달한 영역보다 더 작은 크기를 갖게 된다면 어떤 일이 발생할까? 수많은 원자가 결합을 이루며 에너지 준위들이 띠의 형태로 분포되는 과정이 전기 전도도를 판단하는 요인으로 작용했는데, 더 작은 크기의 물질이 되면 결합하는 원자들의 개수 역시 감소할 거야. 적은 수의 원자들이 결합한다면, 즉 물질이 차지하는 공간이 감소하게 되면 에너지 준위들의 상호작용이 적어지면서 띠의 에너지 범위가 더욱 넓고 듬성듬성하게 바뀌게 돼. 물질의 크기가 충분히 작아진 상태에서는 크기 차이에 의한 띠틈의 간격이 극심하게 변화하고, 우리는 나노미터 수준의 매우 작은 세계에서 아주 약간씩 크기 차이가 나는 동그란 물질들이, 명확히 구분되는 띠틈을 갖게 되는 현상을 볼 수 있어. 비록 띠틈을 직접 눈으로 보고 간격의 크기를 재 볼 수는 없지만 반도체로 이루어진 물질이라면 간격에서 유래하는 다양한 색상의 빛을 관찰할 수 있겠지. 조금 전 함께 살펴봤던 반도체 LED와 같이 말이야.

이처럼 나노미터 수준으로 물질의 크기가 줄어들면 '양자 제한 효과quantum confinement effect'가 발생해. 물질이 매우 작은 입자의 형태로 형성되어 차지하는 공간의 입체적 규모가 작아지면 외부와 벽으로 차단된 형태가 만들어지기 때문에 전자의 에너지 상태들이 불연속적인 띠 형태로 관찰되는 것이 양자 제한 효과야. 양자 제한 효과가 적용되는 반도체 물질을 우리는 '양자점quantum dot'이라 불러. 마치 점처럼 작은 3~5나노미터 내외의 규격이기 때문에 이러한 명칭이 붙었어.

'양자 제한 효과'라는 내용으로 다양한 조성의 0차원 반도체 물질들이 1980년대부터 발명되기 시작했는데, 공식적으

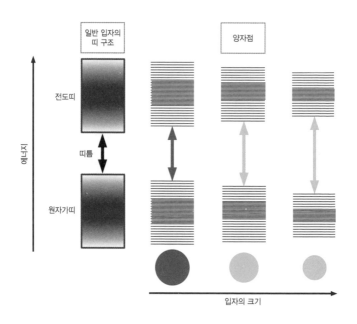

3-6 양자점의 크기에 따른 띠틈 구조와 색상.

로 양자점이라는 용어가 사용되기 시작한 것은 1986년 비화
갈륨-비화 알루미늄갈륨 복합 조성에 대한 연구를 보고한 학
술논문이었어. 이후 가장 범용적으로 활용되기 시작한 양자
점은 12족 원소인 카드뮴(Cd)과 16족 원소 황(S) 혹은 셀레늄
(Se)과의 조합으로 형성되는 황화 카드뮴(CdS)과 셀레늄화 카
드뮴(CdSe)이었어. 반도체의 기본이 4개씩의 최외각 전자를
갖는 14족 원소 규소였고, 이후 LED를 비롯한 반도체성 신소

재의 구성이 3개와 5개의 최외각 전자를 각각 갖는 13족과 15족 원소들의 조합으로 이루어졌던 것처럼, 2개와 6개의 최외각 전자를 갖는 12족과 16족 원소들의 조합 역시 고효율의 양자점을 형성하는 게 가능하다는 사실. 단결정 규소 위에 반도체성 물질들을 올려서 만들고 전기를 공급해 빛을 발생시키는 용도로 사용하던 기존 LED와는 다르게, 양자점은 너무나도 작고 가벼운 입자의 형태이기에 표면을 뒤덮고 전선을 연결해 전압을 걸어 주는 방식으로 사용하기에는 비효율적이었어. 전자를 들뜨게 만드는 또 다른 방법이었던 빛을 쪼여 주는 전략으로 양자점 색상을 발현시킬 수 있었는데, 높은 에너지를 갖지만 우리 눈에는 보이지 않는 자외선을 통해 열전자를 형성시킨 후 열전자가 원래 자리로 돌아오는 과정에서 선명한 가시광선을 만들어 낼 수 있었어. 양자점이 개발되기 전까지는 탄소를 기반으로 하는 형광 유기물질을 염료로 사용해 왔는데, 다양한 색상을 발현할 수 있었지만 점차 형광이 약해지게 되는 광탈색photo-bleaching 현상으로 인해 장기간 사용하는 것은 어려웠어. 하지만 반도체성 양자점들은 무기물로 구성되어 안정성과 내구성이 높아 더욱 우수한 광효율로 장기간 사용할 수 있었지.

저렴하고 우수한 반도체성 양자점이 여러 분야에서 연구 및 적용되기 시작했지만 여기에는 하나의 치명적인 문제가 남아 있었는데, 바로 가장 독성이 높은 중금속 중 하나인 카드뮴이 핵심 원소라는 사실이었어. 양자점을 만드는 과정에서 카드뮴이 인체나 환경에 노출될 수 있었고, 내구성이 높다고 해도 사용하며 조금씩 카드뮴이 유출되는 현상이 발생했기 때문에 상용화하기에는 꺼림칙한 면이 컸거든. 카드뮴은 국제보건기구가 지정한 1군 발암물질이면서, 과거 일본에서 카드뮴이 녹아 있는 공장폐수를 무단 방류한 일 때문에 '이타이이타이병'이 발병했을 정도로 인체에 극도로 위험한 원소야. 양자점의 매력을 포기할 수 없었기에 과학자들은 카드뮴을 사용하지 않는 양자점을 개발하기 위해 많은 노력을 해 왔어. 결국 13족과 15족 원소로 이루어진 새로운 양자점이 발명되었는데, 대표적으로 인화 인듐(InP)이 비카드뮴계 양자점의 대표로 꼽히지. 양자점은 용액상에서 손쉽게 만들 수 있어서 바이오센서나 조명, 태양전지, 그리고 디스플레이 분야에 활발히 적용되는 반도체성 신소재라 할 수 있어.

반도체 신소재의 미래

여러 신소재 중 반도체는 구조를 만드는 등 물리적인 특성을 목적한 소재들과는 다르게, 전자를 다루는 학문인 화학적인 관점에서 현상을 발생시키고 조절하는 데 주목적을 두고 있어. 작게는 양자점부터 크게는 다이오드와 집적회로로 까지 크기와 조성을 조절해 원하는 방식으로 전자의 이동을 구현하고 있지. 최근에는 각각의 반도체 신소재들을 새롭게 만들어 내는 것을 넘어서 이제껏 발견된 미세하게 다른 띠틈을 갖는 반도체들을 섞거나, 층층이 쌓아 올리거나, 혹은 순서대로 배열해서 복합적인 기능과 특징을 갖는 소자들을 개발하는 쪽으로 여러 연구가 이루어지는 중이야. 특히 빛을 통해 전기를 만들어 내고, 전류의 흐름을 조절하고, 선명하고 깨끗한 색상의 빛을 만들어 내는 등 흥미로운 특성들이 존재하기 때문에 첨단 전자산업과 대체 에너지에 대한 관심이 끝없이 높아지는 현대 사회에서 가장 주목받는 신소재 중 하나야. 우리 주위 어디에서든 찾아볼 수 있는 모래로부터 탄생한 반도체는 향후 미래 기술에서도 가장 중요한 신소재로 사용될 거야.

4

익숙하지만
낯선 신소재:
합금과 세라믹

신소재라고 해서 언제나 복잡한 이름을 갖고 있고 들어본 적도 없는 물질로만 이루어진 것은 아니야. 그런 경우는 보통 주위 일상에서 흔히 접하고 사용된다는 사실이 자세히 알려져 있지 않아서 낯설게 여겨지기 때문이라는 것을 탄소 신소재와 반도체 물질들을 살펴보며 느꼈을 거야. 반대로 너무 익숙하고 흔하게 여겨져서 소재의 중요성이 느껴지지 않는 경우도 많아. 지금부터 살펴볼 합금과 세라믹이 이에 해당하는 소재들인데, 그만큼 현대 사회의 실질적인 부분을 구성하는 물질이야.

합금의 기본: 금속결합

금속은 보통 고체 상태야. 그래서 고체 상태인 어떤 물질을 보고 금속이라고 생각하기 쉬워. 하지만 어떤 물질이 고체 상태라 해서 반드시 금속의 특성을 보이지는 않아. 고체는 단순히 물질을 구성하는 분자들의 상호관계에 의해 결정되는 가장 대표적인 세 가지 상태(고체, 액체, 기체) 중 하나일 뿐이고, 충분히 낮은 온도나 높은 압력이 가해져 분자들이 서로 가까이 안정하게 자리 잡을 수 있다면 필연적으로 도달하는 하나의 상황에 불과해. 결국 우리에게 필요한 정보는 물질이 어떤 종류의 화학결합에 의해 형성되었느냐는 지극히 근본적인 원리에 기반한다고 이해할 수 있어.

합금Alloy은 말 그대로 금속이 합쳐졌다는 의미를 갖는데, 사전적으로는 '하나의 금속 원소에 한 종류 이상의 다른 금속 원소 또는 비금속 원소를 첨가하여 만든 금속'으로 정의돼. 우린 수많은 사실을 이 용어 정의로부터 찾아볼 수 있어. 먼저 합금은 무조건적으로 금속metal이 근본이며, 최종적으로도 금속으로 구분될 수 있는 상태의 물질이라는 점이야. 그리고 다른 종류의 원소가 '첨가'되어 있기에 상대적으로 근간을 이루는 핵심 금속 원소에 비해 적은 양의 다른 원소들이 균일하게 혼합되어 있을 가능성이 높다는 사실을 미루어 짐작할 수 있지. 과연 금속이란 무엇이고, 어디에서 그 특성이 유래하는 것일까.

모든 종류의 물질을 구성하는 화학적인 결합과 분자 간의 힘에는 여러 종류가 있지만, 가장 대표적으로는 공유결합 covalent bonding, 이온결합 ionic bonding, 금속결합 metallic bonding을 꼽을 수 있어. 물론 이 외에도 생체분자(생물계에서 발견되어 생명 활동에 참여하는 분자. 단백질, 핵산 따위가 대표적이다)의 구조와 형태를 결정하고 생태계를 유지하는 수소결합이나, 자주 찾아볼 수는 없지만 할로젠결합 등 다양한 예외들도 존재해. 하지만 앞서 언급된 세 가지 종류의 결합이 사실상 거의 모든 물질을 구성하는 핵심적인 화학결합이라 할 수 있어.

많은 종류의 유기·무기물에서 관찰되는 공유결합의 경우 각각의 원소가 보유한 전자를 함께 공유하며 결합을 형성해. 물에 잘 녹는 염 salt들이 보편적으로 보이는 이온결합은 각 원소들이 조건에 따라 선호하는 형태의 이온을 형성한 이후 이들 간의 정전기적인 인력에 의해 이루어지는 결합이야. 물론 전자를 완전히 공평하게 공유하거나 절대적으로 정전기적인 인력에 의해서만 물질이 형성되기는 어려워. 그래서 '이온성 공유결합'과 같은 방식으로 한 결합의 우세함이나 동등함을 따로 언급하곤 해. 하지만 금속결합은 단순히 물질을 구성하는 두 개 이상의 원자들 간의 결합 형성이나 전기적인 상

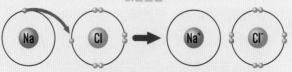

각 원소들이 이온을 형성하면 이온들끼리
정전기적인 인력을 통해 결합이 이루어지지.

공유결합

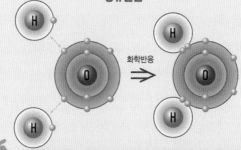

화학반응

각 원소가 보유한 전자를 공유하며 결합을 형성해.

금속결합

자유전자

금속 이온

4-1 세 가지 화학결합.
이온결합, 공유결합, 금속결합.

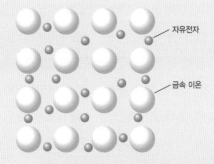

자유전자들이 이동하며 전류를 흐르게 해.

호작용을 통한 결합과는 구분되는, 이온들과 전자들이 서로 엉켜 만들어지는 특이한 현상이야.

가장 대표적인 금속이자 도체인 철을 기준으로 어떤 식으로 금속결합이 이루어지는지 생각해 보자. 철 원자들이 서로 직접적으로 결합하는 것이 아닌 철 양이온과 자유롭게 돌아다닐 수 있는 '자유전자 free electron'가 결합하는 과정을 통해 형성돼. 그렇다고 자유전자 덩어리 속에 철 이온들이 무작위로 배열되는 것은 아니야. 철 양이온들이 차곡차곡 규칙적으로 특정한 '결정성 crystallinity'을 이루며 배열되고 자유전자들이 주변을 감싸 안는 형태야. 이러한 모델을 흔히 '전자 바다 electron sea'라고 불러. 자유전자로 이루어진 바닷속에 금속 양이온들이 일정한 규칙으로 차곡차곡 모래알처럼 박혀 있는 형태. 우리가 금속에서 기대하는 특성들인 우수한 전기 전도성, 열 전도성, 광택, 그리고 전성과 연성을 비롯한 특성 모두 자유전자들의 역할로부터 유래하는 거야.

비록 원자 상태에서는 전자가 각각의 원자에 잡혀 특정한 에너지 준위에 위치하고 있지만, 금속결합을 형성하면서부터는 어느 철 원자 주위든 마음대로 이동할 수 있는 자유로운 전자들이 형성되는데, 전해질이 전류를 흐르게 하듯 자유전자들이 이동하며 전류를 흐르게 해. 당연히 물이나 특정한 매질 속에 분산되어 떠도는 전해질보다 훨씬 더 직접적이고

4-2 뜨거운 열을 가해 철 합금을 만드는 것은 열이 자유전자의 이동을 자유롭게 해서 금속결합을 가능하게 하기 때문이야.

빠른 이동이 가능하기 때문에 금속의 전기 전도도가 우수하
게 나타나는 거야.

　　열전도의 경우도 자유전자가 중요한 역할을 하는데, 일
반적으로 열전도가 잘되는 물질을 '양도체', 열전도가 안되는
물질을 '절열체'라 불러. 물질의 열전도율을 비교하는 과정에
는 두 가지 가정이 포함돼. 첫째로 물질이 직접적으로 이동
하는 운동이 포함되지 않을 것, 둘째, 매질-이 경우에는 물
질 그 자체-을 거치지 않고 열이 이동하는 복사radiation 현상

의 영향을 받지 않을 것. 구성 원소 사이의 직접적인 전자 공유를 통해 이루어지는 비금속 물질들의 경우에는 전자들이 열에 의해 진동하며 이웃한 전자에 충돌하여 열을 서서히 전달하는 방식으로 이루어져. 하지만 금속결합은 자유전자라는 특이성 때문에 전자들끼리의 충돌 외에도 직접적으로 자유전자가 열을 싣고 이동해서 매우 빠르게 전달할 수 있어. 참고로 전기전도와 열전도 사이에도 하나의 상관관계가 있는데, 온도가 높아지면 금속 원자들의 진동도 강해지고, 이로 인해 원자와 자유전자의 충돌 빈도가 점점 증가해서 자유전자들의 흐름이 방해를 받아. 결국 물질이 가열되면 전기 전도도는 떨어지게 된다 이 말씀.

전기전도나 열전도가 자유전자에 의해 이루어진다는 사실은 들어 본 경험도 꽤 있을 텐데, 또 다른 특성인 금속의 반짝이는 광택 역시 자유전자에 의한 현상이야. 물질이 빛을 흡수하기 위해서는 특정한 간격만큼 떨어져 있는 전자들이 에너지를 흡수해 줘야만 하는데, 금속의 경우에는 자유전자들이 워낙 다양한 간격과 형태로 움직이기 때문에 온갖 파장의 빛을 자유자재로 흡수할 수 있어. 이렇게 흡수한 에너지는 다시금 빛의 형태로 방출되고, 이로부터 광택을 관찰할 수 있어. 방출되는 빛의 파장 역시 여러 파장이 섞여 있기 때문에 우리 눈에는 흰색으로 보여서 금 등 일부 예외를 제외한 대부분의 금속은 은백색의 광택을 띠는 것으로 보이지.

왜 합금을 만들고 어떻게 구성되나

세상의 다른 물질들과 마찬가지로 한 종류의 순수한 원소로 이루어진 단일 금속들 역시 유용하게 쓰일 수 있는 분야와 적용이 어려운 분야가 장단점에 따라 극명하게 나뉘어. 하지만 보편적으로 불순물이 포함되지 않은 순수한 금속으로 활용되는 분야보다는 여러 종류의 원소가 혼합되며 만들어 내는 상호 증대 효과가 더 큰 관심을 받고 있지. 사실 단순히 수학적으로만 고려해 본다 해도 하나의 금속 원소는 각기 하나의 특성들만이 기대되지만, 열 종류의 금속 원소 중 두 종류를 골라 조합한다면 90가지 경우의 수(10×9=90)가, 세 종류를 고른다면 무려 720가지 경우의 수(10×9×8=720)가 생겨나지. 물론 이 경우의 수들이 모두 유의미하거나 독특한 혹은 밝혀진 적 없는 새로운 특성을 만들어 내는 것은 아니야. 금속들이 각기 다른 원자의 규칙적인 배열인 결정성을 기반으로 형성되기 때문에, 결정성에 들어맞는 원소들의 조합일지 혹은 첨가된 물질의 비율이 어느 정도일지 등 다양한 요인들이 작용하고 이에 따라 관찰되는 특성은 천차만별이야.

합금의 중요성은 인류 문명의 발달 과정에서도 손쉽게

체감할 수 있는데, 인류가 가장 처음 의도를 가지고 활용했던 합금은 하나의 문명기를 개화했던 청동이었어. 구리와 주석이라는 두 종류의 금속이 합금을 이루는 과정에서 획기적인 특성이 도출되었는데 바로 '녹이 슬어도 문제없다!'였어. 금속이 녹이 슬면 내구도가 떨어져 부스러지거나 부러진다는 것은 상식적인 내용인데, 청동의 경우에는 녹슬어(산화되어) 표면이 푸르스름하게 변해도 강도에 문제가 없었기에 농경부터 전쟁까지 사용 분야가 무궁무진했지. 특히 청동 이전에 사용되던 그리고 청동을 이루는 주 금속 성분인 구리의 경우 상당히 무른 금속이었던 것에 반해, 단지 섭씨 231.9도의 낮은 녹는점을 갖는 또 다른 무른 금속인 주석을 혼합하면 강도를 혁신적으로 향상시킬 수 있으리라는 건 아무도 상상하지 못했을 거야.

그다음 시대부터 현대 사회까지의 핵심을 이루는 철기 역시 합금의 역사였어. 철기시대라고 하니 철광석으로부터 정련되어 얻어진 순수한 철을 상상하기 쉽지만, 이렇게 만들어진 철은 강도가 높은 대신 쉽게 부러지곤 했어. 너무 단단한 것은 부러지기 쉽다는 속담이 딱 들어맞는 상황이지. 실제로 철기 문명이 개화했던 것은 흔히 우리가 탄소강이라 부르는 것과 마찬가지로 비금속 원소인 탄소가 첨가되어 합금인 강steel을 만들게 되면서야. 그전의 철은 청동과 부딪혀도 부러질 정도로 정련에 요구되는 노동력에 비해 실용성이 낮은 원소였거든. 이후는 우리가 알다시피 철만큼 얻기 쉽고도 유용한 금속 원소가 없었기에 다양한 철제 합금의 개발이 핵심을 이루었어. 첨단 신소재는 아니지만 여전히 일상에서 가장 흔히 사용되는 철 합금의 일종인 스테인리스강을 기준으로 합금의 구성 형태와 형성 과정을 함께 보자.

스테인리스강은 모든 분야에서 널리 사용되는 만큼 그 발견의 역사도 무려 100년이 넘어. 우리는 녹슬지 않는 금속을 모두 단순하게 스테인리스강이라 생각하거나 이와 같은 특성의 합금은 한 종류밖에 존재하지 않을 것으로 생각하지만, 미세한 차이나 핵심 첨가 원소나 비율의 차이에 따라 상세하게 구분되어 적재적소에 사용되고 있어. 스테인리스강의 경우에도 오스테나이트Austenitic, 페라이트Ferritic, 그리고 마르텐사이트Martensitic 계열 스테인리스강으로 나뉘어.

오스테나이트계 스테인리스강은 우리가 가장 흔하게 사용하는 일반적인 종류에 해당하는데, 저탄소강에 크로뮴(Cr)과 니켈(Ni)이 혼합되어 이루어져. 크게 탄소 0.15%, 크로뮴 17~19%, 니켈 8~10%, 망가니즈 2%, 규소 1%, 인 0.04%와 황 0.03%가 포함된 302형과, 탄소 함량을 줄이고 크로뮴과 니켈 함량을 높인 304형 스테인리스강이 존재해. 302형은 내산성을 더욱 높이기 위해서 설계되었고, 304형은 탄소 함량

4-3 집, 공장, 건축 등 스테인리스강이 사용되지 않는 분야는 없어. 핵심 첨가 원소의 종류와 비율의 차이에 따라 그 쓰임이 달라지지.

을 줄여 탄화물이 생기는 것을 줄이기 위해 설계되었어.

페라이트계 역시 철과 크로뮴이 핵심 요소인데, 정육면체 형태의 결정 격자에서 각 면의 중심마다 원자가 추가적으로 자리 잡고 있는 '면심 입방 격자' 구조와는 다르게, 육면체의 정중앙에 원자가 위치한 '체심 입방 격자' 구조를 갖는다는 차이점이 존재해. 이 별것 아닐 듯한 차이 때문에 특징이 확연히 갈리게 되는데, 오스테나이트계 스테인리스강은 열처리를 통해 경화할 수 있고 고온에서도 안정하게 사용할 수 있다는 장점으로 주방용품을 비롯해 다양한 적용 분야를 갖지만, 페라이트계는 연성이 적고 열처리로 경화될 수 없다는 특징을 보여. 대신 가격이 훨씬 싸다는 장점이 있지.

마르텐사이트계는 이 중 가장 늦게 탄생한 종류의 스테인리스강이야. 부식 내구성이 우수하고 높은 강도와 경도를 보이지만 부서지기 쉽다는 특징이 있어. 그리고 다른 스테인리스강과는 다르게 자성을 띤다는 독특한 성질이 있지.

사실 이러한 종류들보다 더 궁금한 부분은 철에 혼합된 다양한 원소들이 어떤 기준으로 선택되어서 조합되는지, 그 역할이 각각 있을지, 그리고 함량은 어떻게 결정되는지일 거야. 철을 제외하고는 가장 많이 함유된 크로뮴이 내식성에 핵심적인 역할을 하는데, 크로뮴은 공기 중의 산소와 만나 얇은 산화물(Cr_2O_3)을 형성해 철의 표면을 뒤덮어 보호하는 역할을 해. 만약 표면이 날카로운 무언가에 긁혀서 보호막 내부가 노출되었다고 해도 빠르게 다시 산화층 막이 형성되며 녹스는 걸 막을 수 있어. 그 외의 첨가 원소들의 기능은 302형 스테인리스강을 기준으로 다음과 같이 정리할 수 있어.

니켈(Ni, 8~10%): 오스테나이트 구조 안정화
망가니즈(Mn, 2%): 오스테나이트 구조 안정화
규소(Si, 1%): 열적 안정성 향상
탄소(C, 0.15%): 금속 강도 향상
인(P, 0.04%): 절삭성 향상
황(S, 0.03%): 절삭성 향상

물론 추가적인 기능 향상을 위해 이 외에도 다른 종류의 원소들이 첨가되는 경우도 많은데, 대표적으로 열처리 시 탄화물 형성 및 안정화를 위한 타이타늄(Ti)과 나이오븀(Nb)과 탄탈럼(Ta), 황산에 대한 내식성을 특별히 향상하기 위한 구리, 소재가 변형을 시작할 때의 응력을 의미하는 항복 강도 yield strength를 추가적으로 향상하기 위한 질소 등이 대표적이야. 비록 지금은 가장 대표적인 스테인리스강을 대상으로 각각의 원소들이 합금을 형성할 때 어떤 기능을 하는지 알아보았지만, 이들은 공통적으로 다른 철강 소재에도 함유되어서

4-4 다양한 첨가 원소는 일정한 비율로 들어가 스테인리스 강 합금의 특성을 결정해.

위의 기능들을 부가하는 역할을 할 수 있어.

첨단 합금 신소재들

합금에 대한 연구와 개발이 아주 오랜 옛날부터 이어져 왔기에, 현대 사회는 수많은 합금으로 이루어져 있어. 사실상 순수한 한 종류의 금속으로만 이루어진 물품이 더 찾아보기 힘들 정도야. 모든 종류의 합금을 다 알아보는 것은 어렵지만, 비교적 개발된 지 얼마 안 돼 첨단 신소재로 취급되는 몇 종류의 합금에 대해 소개해 볼까 해.

먼저, 합금을 만드는 데 가장 범용적으로 사용되고 또 필수적으로 사용되는 원소는 앞서 살펴본 크로뮴, 망가니즈, 니켈 외에 몰리브데넘(Mo)과 바나듐(V)이 있어. 몰리브데넘은 크로뮴처럼 내식성을 향상시켜 합금의 안정성을 높여 주는 것 외에 고온에 대한 안정성을 크게 높이는 효과가 있어. 스테인리스강에도 적용되고, 화학반응이 손쉽게 일어나는 공장 설비 제조나 수많은 전해질에 상시 노출되는 해양 산업 분야에서 필수적으로 적용되는 합금 원소야. 바나듐은 탄소강의 인장력이나 항복 강도를 혁신적으로 향상할 수 있고, 여러 종류의 원소가 혼합되어 결정성이 다양화될 수 있는 조건들에서 각 결정 사이의 경계 grain boundary 를 작게 유지시켜 금속들이 잘 섞이고 안정하게 존재할 수 있도록 도와주는 감초 같은 역할을 하기에 유용하지.

철이 포함된 합금들의 경우 기본적으로 높은 강도가 목표이기 때문에 상대적으로 무게가 많이 나간다는 단점이 있어. 사실 최근 개발되어 사용되는 합금들은 우리에게 인상적인 명칭이 붙어 있기보다는 현장에서 전문가들이 사용하기에 편한 용어로 명명되어 있어서 크게 와닿지는 않아. 그래도 몇 가지만 언급해 보자면, 극한의 내식성과 열적 안정성을 갖기 위해 기본적인 스테인리스강 조합에 약 13% 이상의 많은 양의 텅스텐(W)이 함유된 합금230이나 CW-6MC, CY-40 등이 대표적이야. 공구 제작에 사용되는 CA2, CD2, CH13 등도 우수한 합금이지. 모두 철을 기본 요소로 하고, 앞서 살펴보았던 첨가 원소들이 다양한 비율로 혼합되어 이루어져.

철이 포함되지 않은 비철 합금은 이보다 종류는 적지만 활용 분야가 특수한데, 기본적으로 가볍다는 특성 때문에 항공, 우주, 해양 등의 개척형 산업 분야에 널리 활용되고 있어. 하지만 비철 합금이라 해서 철이 '전혀' 포함되지 않은 합금의 종류는 생각보다 적어. 소량의 철이 포함되면 강도와 내구성이 향상될 수 있기 때문에 이번에는 철이 중심 금속 원소가 아닌 도움을 주는 첨가제로 사용되지. 구리와 알루미늄을 기본으로 하여 이루어져서 높은 연성과 강도, 그리고 내마모성

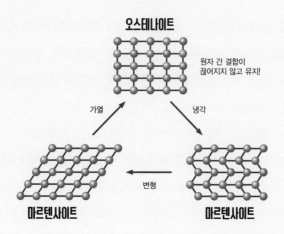

오스테나이트

원자 간 결합이
끊어지지 않고 유지!

가열   냉각

변형

마르텐사이트   **마르텐사이트**

4-5 형상기억합금의 원리(위)와 그것을 활용한 제품들(아래).

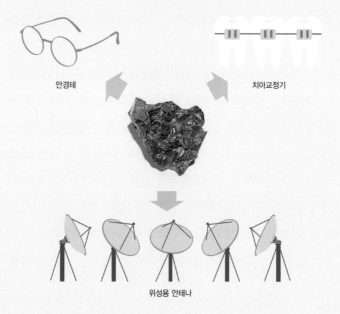

안경테   치아교정기

위성용 안테나

을 갖는 알루미늄 동aluminum bronze, 마모에 견뎌야 하는 톱니
바퀴와 베어링 제조에 사용되는 동 기반 합금들, 침식에 견디
기 좋은 구리-니켈 합금, 전기저항이 높은 니켈-은 합금, 그
리고 전도성이 높은 구리-크로뮴 합금이 대표적이야. 특별하
게 높은 안정성과 내식성, 마모성과 열적 안정성이 모두 요구
되는 극한 환경에서 사용되기 적합한 코발트(Co) 기반의 합금
도 여럿 있지만, 이렇게 많은 기능이 부여된 만큼 가격이 매
우 높다는 문제가 있기도 해.

산업에 사용되는 거창한 합금이 아니더라도 우리 주위
에서 유용하게 쓰이는 합금의 종류는 무궁무진하고 각각 인
류의 삶을 윤택하게 해 주고 있어. 납의 독성을 배제하고 전
자제품 제조에 편하게 사용될 수 있는 무연 땜납을 만드는
데 은·주석·비스무트(Bi) 합금을 사용하기도 하고, 수은의
독성을 배제한 온도계를 만들기 위해 갈륨·인듐·주석 합금
인 갈린스탄gallinstan을, 자석을 만들 때 알루미늄·니켈·코발
트의 합금인 알니코(AlNiCo)를, 열화우라늄탄이라는 군용 탄
약 제조에 우라늄(U)·타이타늄·몰리브데넘 합금 스타발로이
staballoy를 사용하지. 흔히 '형상기억합금'이라고도 불리는 니
켈과 티타늄의 합금 니티놀nitinol도 있어.

열적 안정성, 열쳐리, 세라믹

금속과 합금들이 달성하려는 여러 안정성 중 고온에 대한 열적 안정성 역시 몰리브데넘이나 텅스텐을 비롯한 원소의 첨가로 구현되어 왔어. 고온이 미치는 영향을 알기 위해 흔히 쓰는 방법이 있어. 못을 소금물에 담가 녹이 슬도록 만드는 실험을 할 때 차가운 소금물과 뜨거운 소금물을 비교군으로 놓지. 어느 쪽에서 더 빠르게 화학반응을 일으킬지를 알아보기 위해서야. 녹슨다는 것은 결국 금속 표면이 산소와 만나 산화하는 반응인데, 대부분의 화학반응들은 구성 원소들을 이루던 화학결합이 끊어지고 새로운 결합이 형성되어야 하기에 온도가 높을수록 반응 속도가 빠르다는 경향성을 관찰할 수 있어. 금속의 열적 안정성을 고려하는 것 역시 녹는점 이상의 온도까지 가열해 액체 상태로 녹는 것을 우려해서라기보다는 산화되거나 혹은 변형되는 현상을 방지하기 위함이 더 커.

그렇다면 아예 다 산화시켜 버리면 어떻게 될까? 더 이상 산화될 것이 없으니 열이 가해져도, 산소를 만나도 아무런 문제 없이 현상을 유지할 수 있지 않을까? 세라믹은 이러한 형태로 구성된 소재야. 물론 산소나 그 외 다른 비금속 원소들과의 화합물 형성 때문에 결정 구조가 무너지고 물리적인 강도가 낮아져 부서져 버린다면 소재로서의 가치가 없겠지만, 결정성이 유지된 채 단단하게 구성 요소들이 결합하고 있다면 이야기가 달라질 거야. 꼭 산소와의 결합에만 국한되는 것은 아닌데, 양이온 형태로 존재하기 쉬운 금속 원소들이 음이온 형태로 존재하기 용이한 비금속 원소들과 조합되어서 안정하게 형성된 물질을 세라믹으로 정의하고 있어. 금속 원소들이 산소와 결합된 산화물oxide, 질소와 결합된 질화물nitride, 마찬가지로 탄소·황·인 등과 결합한 탄화물carbide, 황화물sulfide, 인화물phosphide 등이 모두 세라믹으로 분류되지. 명칭을 살펴보면 공통적으로 '-화물-ide'의 형태를 갖지? 이러한 명칭은 음이온 상태의 원소와 결합해 형성된 물질을 지칭할 때 사용돼.

사실 세라믹 하면 가장 먼저 떠오르는 것은 도자기나 이와 유사한 재질로 이루어진 자기류가 아닐까 싶어. 도자기를 구성하는 물질 역시 세라믹임에 틀림없어. 세라믹ceramic이라는 용어 역시 도공이 다루는 흙(점토, keramos)에서 기인했으니 오히려 가장 정확한 표현일 거야. 흙이나 모래 속에 무엇이 포함되어 있는지 반도체성 소재를 살펴볼 때 지겹도록 강조했었지? 바로 규소야. 규소가 함유된 흙이 모양이 빚어진 이후 뜨거운 가마 속에서 며칠간 구워지며 비로소 단단한 도자기가 탄생하는데, 이 과정에서 규소나 다른 금속들이 산

4-6 불로 구워 만든 자기류를 비롯해 타일, 유리 등 세라믹 소재를 활용해 만든 제품들은 우리 주위 곳곳에 있어.

화되며 결정성 높은 구조로 소결燒結되어 이루어지기 때문이야. 실제로 연구나 산업 분야에서 사용하는 다양한 세라믹들 역시 각각의 원소가 포함된 시약들로부터 간단한 형태가 이루어진 후 수백 도에서 높게는 천 도가 넘는 고온 처리를 통해 결정성 높은 신소재로 탄생하고 있어. 하지만 세라믹의 요건이 높은 결정성을 가져야만 하는 것은 아니야. 어느 정도만 결정성이 형성된 반결정질 물질이나, 급격한 냉각으로 형성되는 유리질 물질도 세라믹에 해당해. 우리는 특별한 물리·화학적 특성을 많이 표출하는 결정질 세라믹에 초점을 맞춰 살펴보고자 해.

사실상 세라믹은 인류가 도자기를 만들게 되면서부터 문명과 역사 속에 항상 녹아들어 있었어. 기왓장이나 타일, 유리 등 건축 전반을 구성하는 중요한 내·외장재로 활용되었거든. 최근에는 높은 강도와 안정성, 그리고 구성 원소의 다양성으로부터 파생되는 독특한 성질들을 활용해 전기·전자, 산업, 의료 모든 영역에서 가장 각광받는 신소재로 여겨지고 있지. 여러 세라믹 중 이산화 규소(SiO_2)와 이산화 타이타늄(TiO_2)은 모든 분야에서 선호되는 소재들인데, 독성이 매우 낮은 생체 친화적인 물질이어서 화장품이나 식품에까지 사용되고 있어. 특히 이산화 타이타늄 등은 태양의 자외선을 흡수하는 효과가 있어서 자외선 차단 크림에도 사용되곤 해.

세라믹의 기계적 특성은 열처리로 인해 극대화될 수 있는데, 다양한 금속 원소의 탄화물이나 질화물은 절삭용 공구를 만드는 데 사용되고 있어. 단순히 단단하기만 한 것이 아니라 전기적인 특성도 흥미로워. 대표적으로 앞서 살펴보았던 카드뮴이나 인듐 등의 금속 원소와 황, 셀레늄 등의 16족 비금속 원소들이 결합해 형성되는 양자점들 역시 금속 양이온과 비금속 음이온의 결합으로 형성되는 세라믹으로 구분돼.

반도체성 소재들의 가능성과 유용함은 물질의 분류상으로는 세라믹 소재들 중 하나에 해당하는 것이라고도 할 수 있지. 그중 가장 중요하고도 최근 엄청난 연구가 집중되는 소재가 하나 있는데, 바로 페로브스카이트라는 물질이야.

태양광 발전의 시대를 연 페로브스카이트

페로브스카이트perovskite. 이름부터 최첨단 소재 같지? 하지만 그 역사는 꽹장히 오래되었어. 1839년 러시아 우랄산맥에서 새롭게 발견된 광물을 확인하고 명명하는 과정에서 러시아의 광물학자 레프 페로브스키Lev Perovsky를 기리는 의미에서 이름 붙었어. 이후로는 특정한 한 종류의 광물을 지칭하는 대신 여러 개의 원소와 결합을 이루는 큰 금속 양이온 하나(A = Ca, K, Na, Cs 등), 여섯 개의 원소와 결합할 수 있는 금속 양이온 하나(B = Ti, Nb, Pb 등), 그리고 세 개의 산소나 할로젠 음이온 원소(X = Cl, Br, I)가 결정성을 이루며 형성하는 ABX_3 형태의 비율을 갖는 세라믹 원소들을 모두 '페로브스카이트 구조'에 해당하는 것으로 불렀어.

발견 이후 무려 170년 동안 페로브스카이트는 단순히 광물이나 결정성 세라믹의 구조를 지칭하는 데 사용하는, 별다를 것 없는 물질 중 하나로만 여겨져 왔어. 그러다 입지가 순식간에 바뀌게 된 사건이 벌어져. 2009년 일본에서 액체 형태의 전해질과 페로브스카이트 물질을 활용해 태양광을 전기

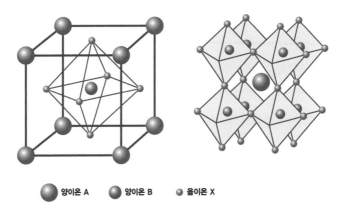

🔵 양이온 A 🔵 양이온 B ⚪ 음이온 X

4-7 두 종류의 양이온(A와 B)과 음이온(X)으로 이루어지는 결정성 고체 물질이야. 왼쪽 그림은 양이온 B를 중심으로 형상화한 구조 모형이고, 오른쪽 그림은 양이온 A를 중심으로 바라본 구조야.

로 바꾸는 태양전지를 만들 수 있다는 사실을 발견했거든. 이후 결정성 고체 형태인 페로브스카이트를 활용해 우리나라에서 처음 10%가 넘는 효율의 태양전지를 탄생시켰고, 이 순간부터 페로브스카이트는 태양광 발전에 가장 적합한 첨단 신소재로서 폭발적으로 연구되기 시작했어. 이전까지는 특정한 파장의 빛 흡수를 보조할 수 있는 염료가 포함된 '염료 감응형 태양전지'와, 유기물로 이루어져 곡면 형태로 만들거나 손쉽게 휠 수 있는 '유기 태양전지'가 차세대 태양전지로 관심받아 왔지만, 발전 효율이 떨어진다는 치명적 단점이 있었거든.

반면 무기물을 이용한 태양전지도 지속적으로 발전해 왔어. 반도체를 만들 때 사용하는 결정성 규소 태양전지가 효율성이 20%나 더 높아 우수했음에도 생산 단가가 너무 비싸서 실질적으로 적용이 어려웠거든. 유기물과 무기물을 사용한 두 접근법 모두 장단점이 명확했기 때문에 새로운 대책이 필요했는데, 작은 결정성 페로브스카이트를 염료처럼 활용하면 유기 태양전지보다 10배 이상 전자를 이동시키기 쉽고 생산 단가도 결정성 규소보다 저렴하다는 장점이 발견되었어. 또한 작은 유기물을 금속 양이온 대신 섞어 만들 수도 있었고, 결합하는 음이온의 종류나 개수비를 조절해 띠틈을 추가적으로 조절할 수 있는 다양성도 확인되었어. 반도체성 소재들은 빛을 흡수해 전기를 생성하는 것 외에도 반대로 전기로부터 빛을 발생시킬 수 있는데, 페로브스카이트 역시 이러한 능력을 갖고 있어. 양자점으로 여러 색상을 발현하는 과정과 동일하게 띠틈이 조절된 페로브스카이트들은 수많은 색상의 빛을 주위로 내뿜을 수 있고 발광다이오드의 제조에도 사용될 수 있어.

이처럼 페로브스카이트는 모든 분야에 사용할 수 있는 재발견된 첨단 신소재지만 아직까지는 해결해야 할 명백한 단점 역시 남아 있어. 바로 수분(물)에 약하다는 점이야. 페로브스카이트 소재들은 대부분 수분에 닿으면 빠르게 분해되는 특성이 있어. 특히 야외에 노출되어 비바람을 견디며 장시간 작동해야 하는 태양광 발전의 경우에는 약간의 틈으로도 수분에 노출될 수 있는 가능성이 있기 때문에 내구성 문제는 중요한 이슈야.

저온, 고온, 상온: 초전도체 이야기

이번에 소개할 내용은 초전도체야. 초전도체 이야기를 책이나 언론매체에서 접하거나 실제로 관찰해 본 경험이 한 번쯤은 있을 거야. 자기부상열차를 말할 때면 한 번쯤 나오듯이 작고 동그란 금속이 하얀 연기 속에서 공중에 둥둥 떠 있는 그런 장면, 분명히 기억 어딘가 남아 있지? 초전도체는 단

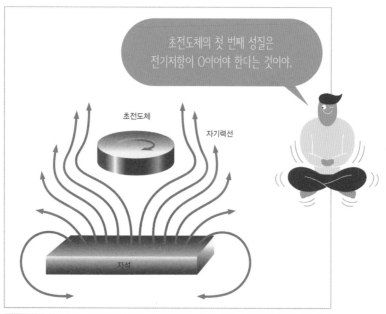

4-8 초전도체의 원리를 이용한 자기부상열차.

순히 '공중에 떠다니는 물질'이 아니라 특별한 세 가지 성질이 관찰되는 물질을 의미해. 첫째로 전기저항이 0이어야만 하고, 둘째로 초전도체 내부로 자기장이 전혀 침투하지 못하게 막는 '마이스너 효과meissner effect', 마지막으로 특정 조건에서 초전도체를 지나는 자기 흐름의 양이 정수배로 제한되어 '양자화'가 이루어지는 '자기 선속 양자화magnetic flux quantization'가 모두 관찰되어야 해. 사실 우리에게는 '저항이 0이 되어 전도성이 매우 좋아지기 때문에 초전도체'라는 식으로 알려져 왔지만, 완전 도체라는 특징만으로는 실질적인 초전도체로 구분될 수 없어. 용어적으로 직관적이지 못한 측면이 있기도 한데, 마이스너 효과나 자기 선속 양자화처럼 생각보다 복잡한 내용이 여럿 들어 있는 첨단 분야에 해당하기 때문이야.

복잡한 이론들을 바탕으로 한 초전도체는 먼 미래 기술로 여겨지지만 사실 우리 주위에서 이미 사용되고 있어. 액체 헬륨을 활용해 형성된 극저온 환경에서 이루어지는 초전도 현상을 바탕으로, 의료용으로 사용되는 자기공명영상MRI이나 실험용 분석 기기인 핵자기공명NMR에서 선명한 신호와 영상을 얻는 데 쓰이지. 그런데 왜 액체 헬륨(영하 268.95도)이나 액체 질소(영하 196도)처럼 초저온이 필요한 걸까? 금속이 떠오른 영상이나 사진에서도 항상 액체 질소로 인해 하얀색 연기가 자욱하게 보이고 말이야. 가장 중요한 이유는 역시 물질에 따라 일정한 임계 온도보다 낮은 온도에서만 초전도 현상이 관찰되기 때문이야. 사람들의 관심은 그보다 조금 더 높은 온도, 즉 상온에 가까운 온도에서도 초전도 현상을 구현하는 방향으로 흘러갈 수밖에 없었어. 액체 헬륨이나 액체 질소를 상시 사용하기에는 비용이 너무나 많이 들고 현실성이 없었으니까.

계속해서 새로운 물질들이 발견되며 활용 가능한 온도 역시 꾸준히 상승해 왔어. 1980년대에 절대 영도에 가까운 온도를 발견했는데, 2019년에는 무려 영하 23도의 고온에서도 초전도 현상을 보이는 십수소화 란타넘(LaH_{10})이 발견되었지. 비록 영하의 온도지만 상온에 가까운 온도에서 초전도 현상을 보이는 물질들을 고온 초전도체라 부르며 계속해서 발견하려는 노력이 이어졌어. 물론 최종적인 목표는 상온에서 구현하는 것이기 때문에, 저온-고온-상온의 순서로 목표가 갱신되며 노력이 계속되고 있지. 초기에는 금속으로 이루어진 초전도체들이 발견되어 왔지만, 이들은 매우 낮은 온도가 요구되는 저온 초전도체에 해당했어. 최근 연구되는 고온 초전도체들은 세라믹 소재들인 경우가 많아. 물론 도자기나 페로브스카이트처럼 단순한 조성의 초전도체라고는 생각할 수 없어. 대표적으로 영하 148도 정도에서 초전도 현상을 보이는 소재의 경우 $Tl_2Ba_2Ca_2Cu_3O_{10}$의 복잡한 조성으로 표현돼. 탈륨

(Tl), 바륨(Ba) 등 낯선 원소들도 많이 보이지?

이처럼 기존 문제를 해결할 수 있는 새로운 소재를 개발하는 데는 새로운 원소들을 활용하려는 도전이 필요해. 가장 오래전부터 사용되던 세라믹에 가장 새로운 원소들이 사용되어 미래 기술을 열어 가는 과정, 정말 매력적인 장면이 아닐까.

5

고분자 신소재와
플라스틱

지금껏 살펴본 그 어떤 소재들보다도 현대 사회를 살아가는 우리에게 익숙한 소재는 플라스틱일 거야. 실제로 석기-청동기-철기 시대를 잇는 현대 사회를 '플라스틱기'라고 부르기도 할 정도니, 플라스틱은 사회·산업·경제·문화 전반을 편의성으로 무장한 채 지탱하고 있다 해도 과언이 아니야.

　물론 우리 삶을 편리하게 만들어 주는 만큼 플라스틱으로 인해 발생하는 문제들 역시 만만치 않아. 아주 작게 분해되고 마모된 플라스틱 조각들은 미세 플라스틱이라는 이름으로 수생생물과 먹이사슬을 통해 환경과 우리 몸속에 쌓이지. 올바르지 않게 매립되거나 바다에 버려진 플라스틱으로 인해 많은 생물체의 터전이 사라지고 있어. 그렇다고 함부로 플라스틱을 태워서 없애기에는 독성 물질과 매연이 발생해 기상 환경을 파괴할 수 있고, 저절로 분해되어 사라지기엔 수백 년 이상이 필요해 처리가 곤란한 소재야.

　편리하지만 환경에는 지극히 위협적이어서 사용량을 줄이기 위해 세계적으로 노력 중이지만, 플라스틱 개발의 시작은 동물과 생태계를 보호하기 위혀서였다는 사실을 알고 있니? 시작과 끝이 모순으로 보이는 플라스틱의 세계로 들어가 보자.

코끼리와 상아를 보호하기 위해

플라스틱은 다양한 유기 분자들이 반복적으로 연결되어 이루어진 사슬 혹은 섬유 형태의 유기물을 의미해. 최초의 플라스틱은 무려 170여 년 전인 1846년에 쇤바인Christian Friedrich Schönbein이 니트로셀룰로오스를 합성한 데에 기반하고 있어. 이후 니트로셀룰로오스를 녹일 수 있는 용매를 찾아 틀에 넣고 건조해 원하는 형태로 고체 물질을 만들 수 있다는 사실이 밝혀졌는데, 이렇게 만들어진 물질은 건조되며 원하는 것보다 더 많이 수축되어서 새로운 해결책이 필요한 나머지 보급되지는 못했어. 실질적으로 '플라스틱plastic'이라는 용어는 이러한 특성으로부터 기인했는데, 틀에 넣고 원하는 모양을 만들 수 있는 고체 물질이라는 특성 때문에 '거푸집으로 조형이 가능하다'는 의미의 그리스어 plastikos나 라틴어 plasticus로부터 명명되었어.

실질적인 플라스틱의 상업화는 그로부터 20여 년이 지난 1869년에 비로소 시작되었어. 당시 사회적 구기 종목으로 당구가 유행했는데, 당구공을 만들 때 목재·점토·상아 등이 다양하게 사용되었어. 그중 상아는 강도가 높으면서 탄성력이 충분하고, 내열성과 내마모성을 비롯한 물리적인 특성이 뛰어났기 때문에, 그리고 사치품으로서의 희소성과 가치 역시 충분했기에 당구공 제작을 위한 최적의 재료로 여겨졌지. 상아는 그 외에도 피아노 건반이나 도장, 단추 및 장신구 등에도 흔히 사용되어서 공급에 비해 수요가 아주 높은 소재였어. 하지만 알다시피 상아는 코끼리에게서 채취되는 생체 소재였기 때문에 이를 위한 밀렵이나 밀수도 걷잡을 수 없이 커져만 갔고, 무분별한 포획과 생태계 파괴도 점차 심해졌지.

이를 해결하기 위해서는 상아와 비견될 만한 강도와 탄성력, 그리고 빼어난 외견을 갖는 새로운 소재의 개발이 필수적이었어. 이전에 발견된 니트로셀룰로오스는 탄성력이 빼어난 물질이었기 때문에 이를 활용해 상아를 대체하려는 시도가 몇몇 연구자들을 중심으로 시작된 거야. 미국의 존 하야트 John Wesley Hyatt가 녹나무를 증류하면 얻을 수 있던 장뇌를 알코올에 녹인 용액에 니트로셀룰로오스를 넣자 손쉽게 녹일 수 있다는 사실을 발견하면서 성과로 이어졌지. 일반적인 알코올에 녹인 것에 비해서 장뇌를 첨가하니 강도와 탄력성이 우수해졌지. 아쉽게도 당구공으로 사용하기에는 약간 부족한 수준이었지만.

플라스틱은 '합성수지'라고도 불려. 수지는 나무의 진액이나, 이들이 산화되며 굳어져 만들어진 물질을 의미하는데, 소나무 송진과 같은 물질들이 자연으로부터 유래한 수지인 '천연수지'야. 합성수지는 말 그대로 이와 유사한 형태나

5-1 상아를 보호하기 위해 시작된 플라스틱의 역사.

특성을 보이는 물질을 인공적으로 만들었다는 의미가 되고,
용액 상태로 만든 물질이 건조나 열처리를 통해 단단하게 경
화되며 형성되는 플라스틱은 합성수지에 해당해. 합성수지로
구분되는 플라스틱은 미국의 베이클랜드_{Leo Hendrik Baekeland}

에 의해 탄생하는데, 페놀과 포름알데히드라는 화합물을 섞어 주면 천연수지와 같은 물질이 만들어진다는 사실에 착안해 최초의 합성수지이자 페놀수지의 시초라 불리우는 '베이클라이트bakelite'라는 물질을 만들어 냈어.

베이클라이트를 바탕으로 본격적인 플라스틱 시대가 열려. 물리적 특성이 우수했을 뿐 아니라 압력과 열을 가해 모양을 만들어 낸 이후에는 다시 열을 가해도 물러지거나 구조가 무너지지 않는 '열경화성 수지'였고, 심지어 가격조차 저렴했거든. 이후 플라스틱이란 분자들이 수천~수만 개가 연결되어 이루어진 '고분자polymer'라는 사실이 발견되면서, 이를 보고한 독일의 화학자 슈타우딩거Herman Staudinger가 1953년 노벨 화학상을 수상하고 플라스틱은 화학의 영역에서 신소재로 떠오를 모든 준비가 끝났지.

■■■■ 플라스틱은 왜 사랑받는가?

우리 주위는 너무나 많은 종류의 플라스틱이 둘러싸고 있어. 고무나 섬유 등도 고분자 물질에 해당하기 때문에 금속과 세라믹 제품을 제외하면 거의 모든 것이 고분자 물질일 테고, 그중 열이나 압력을 통해 성형되어 플라스틱이라 부를 만한 단단한 제품만을 생각해도 가벼운 무게와 안전함, 사용의 편의성과 비용 측면에서 대부분의 일상용품은 플라스틱을 외장재로 사용하고 있으니까.

플라스틱이 이처럼 광범하게 사용되는 것은 가격이나 강도와 같은 표면적인 특성 외에 내산성이 뛰어나다는 특성에 기반하고 있어. 사실상 현존하는 여러 물질 중 내산성이 가장 우수한 물질은 플라스틱이라 해도 과언이 아니야. 익히 들어 보았을 대표적인 강산인 염산, 질산, 황산은 목재나 철을 비롯한 거의 모든 물질을 산화시키고 부식시켜 손상을 유발하는데, 플라스틱은 전혀 영향을 받지 않아. 심지어는 내산성이 뛰어난 금이나 백금조차 녹여 버리는 왕수(aqua regia; 진한 염산과 진한 질산의 3:1 혼합물)에도 녹지 않고, 내산성이 뛰어나 강산 용액들을 보관하는 데 쓰이는 유리조차 녹이는 불산(불산은 강산에 해당하지는 않지만, 유리질을 녹이는 화학적 특성이 있어)에도 전혀 손상되지 않지. 진한 황산보다도 강한 산들을 흔히 초강산super acid이라 부르는데, 그중 가장 강력한 육플루오로안티모니 산은 황산보다 무려 2해(200,000,000,000,000,000,000) 배나 강해. 플라스틱은 이러한 초강산에도 녹지 않는 최강의 내산성 소재라는 말씀. 이쯤 되면 왜 플라스틱이 전자제품을 비롯한 여러 생활용품의 외장재로 사용되는지 이해가 갈 거야.

하지만 플라스틱이 취약한 물질들 역시 존재하는데, 대

부분의 유기 용매에 접촉하면 녹거나 변형이 발생해. 투명한 플라스틱 표면에 묻은 것을 깨끗하게 닦고자 알코올이나 아세톤으로 문지르면 거칠고 뿌옇게 표면이 바뀌어 되돌아오지 않는 경험을 해 봤을 수 있는데, 바로 이것이 유기 용매에 의한 현상이야. 플라스틱이 유기 용매에 약한 것은 그 형성 과정과 화학적 구조에 의한 결과야.

먼저 많은 종류의 합성수지들은 석유를 원재료로 삼아. 원유를 정제하는 과정에서 얻어지는 나프타라는 탄화수소 혼합체를 원료로 사용하는데, 탄소와 수소로 이루어진 기본적인 유기 화합물에 해당해. 매우 긴 사슬이나 그물 형태로 이어진 고분자 물질을 형성하기 위해서는 단량체 monomer 라 불리는 작은 조각들을 서로 연결해서 다량체 polymer 가 만들어져야만 해. 이는 곧 유기 화합물들을 서로 이어 주는 새로운 공유결합이 차례차례 생성되어야 한다는 말과 같아. 탄소는 최대 4개까지 주위 원자들과 결합할 수 있기 때문에 새로운 공유결합이 만들어지기 위해서는 결합을 생성할 수 있는 여유가 필요할 거야.

결과적으로 많은 종류의 단량체는 탄소 간의 이중결합을 하고 있어서 연결 반응 시에 이중결합이 끊어지며 전자들이 주위 단량체와 새로운 결합을 만드는 방식으로 이루어지지. 이를 중합반응이라 부르고, 생성되는 물질들 역시 탄소와 수소 위주로 이루어진 매우 거대한 유기 화합물이라 생각할 수 있어. 극성을 갖는 물질은 극성 용매에 잘 녹고, 비극성 화합물은 비극성 용매에 잘 녹을 수 있다는 기본적인 화학 원리가 여기에도 적용되기 때문에 거대한 비극성 유기 화합물인 고분자 물질, 곧 플라스틱은 유기 용매를 만나면 단단한 형태를 잃고 녹아내릴 수밖에 없는 거야.

유기 용매에 약한 태생적인 한계를 제외한다면 플라스틱의 한계가 관찰되는 상황으로 높은 열에 의한 변형을 꼽을 수 있어. 사실 금속이나 세라믹 같은 무기 화합물들은 열에 대한 안정성이 매우 높아서 수천 도의 고온에서도 간단히 버텨 낼 수 있지만, 유기 화합물들은 고온에서 연소되어 이산화탄소와 수증기 등으로 변해. 플라스틱 역시 유기 화합물의 일종이기에 열에는 취약해서 변형되거나, 녹거나, 심한 경우 불타오르게 되지. 우주 탐사 이후 귀환하는 우주왕복선은 대기권을 지나며 공기와 마찰이 이루어져서 고온 환경에 노출되는데, 이러한 상황에서도 사용할 수 있는 플라스틱을 개발하려는 노력이 계속되었어. 결과는 성공적. 상당한 고온에서도 견딜 수 있는 플라스틱이 개발되었지. 그중 가장 좋은 물성으로 알려진 PBI polybenzimidazole 플라스틱의 경우에는 무려 500도에 달하는 온도까지 버틸 수 있다고 알려져 있어. 이것보다는 덜 극단적인 열적 환경에 대한 플라스틱의 반응성을 기준으로 플라스틱은 크게 두 종류로 구분되는데, '열경화성'과 '열가소성' 플라스틱이 그것들이야.

열경화성 플라스틱과 열가소성 플라스틱

두 종류의 플라스틱 모두 주조 과정과 열처리를 통해 형성되는데, 차이가 생기는 지점은 이미 형성된 이후 열에 노출되었을 때 어떠한 반응을 보이느냐야. 열경화熱硬化성은 용어 그대로 추가적으로 열이 가해지면 녹지 않고 경화되기 때문에 타서 가루 형태의 재나 기체로 변화하는 특성을 갖는 플라스틱이야. 얼핏 들으면 사용 가치가 떨어진 플라스틱을 손쉽게 분해할 수 있을 것 같지만, 플라스틱은 유기 화합물이기 때문에 태울 때 독성 물질이 포함된 매연이 다량 발생한다는 문제가 있어. 열이 가해지면 물질에 에너지가 높아져서 구성하는 원자나 분자들이 움직이기 쉬워지기 마련인데, 일반적인 경우라면 고체가 녹아 액체가 되듯 자유도가 높은 상태로 변할 거야. 열경화성 플라스틱은 단단하고 내열성이 높은 형태를 만들기 위해서 고분자 사슬들이 공유결합을 통해 그물처럼 연결되어 있기 때문에 열이 가해진다고 재주조가 가능한 소재 형태로 돌아가는 것이 불가능해.

열경화성 소재에는 앞서 살펴보았던 베이클라이트를

기본으로 한 페놀 수지들, 접착성이 우수한 에폭시 수지, 마찰에 잘 견뎌서 가구 겉면을 코팅할 때 사용하는 멜라민 수지, 그리고 프라이팬 등을 코팅하거나 운동복을 만들 때 사용하는 테플론 수지 등이 해당해. 단단히 결합했기에 강도와 내열성이 우수하지만 다시 소재 형태로 돌아갈 수 없기에 열경화성 플라스틱들은 일반적인 방식으로는 재활용이 불가능하다는 단점이 있어.

열가소熱可塑성 플라스틱은 이와 정반대되는 개념인데, 열을 통해 빚을 수 있는塑 형태로 돌아가는 것이 가능한 고분자 소재를 의미해. 열가소성 플라스틱이라 해서 구성하는 유기 화합물이 고분자가 아닌 작은 파편들로 이루어진 것은 아니야. 단지 열경화성 소재가 고분자 사슬끼리 공유결합으로 단단히 연결되어 있는 것에 반해, 열가소성 소재들은 직접적인 결합이 아닌 분자 간의 간접적인 상호작용으로 붙어 있기 때문에 온도가 높아지면 손쉽게 서로 떨어져 나갈 수 있다는 차이가 있을 뿐이야. 열가소성 플라스틱은 사용 이후에 회수해서 열처리와 재주조를 통해 재활용이 가능하기 때문에 일상적으로 많이 사용되고 있어.

특히 일상적으로 가장 많이 사용되는 플라스틱들을 '범용 플라스틱'이라 부르는데, 단단한 보관 용기나 어린이 장난감에 사용되는 폴리에틸렌PE, 식품 용기나 지퍼락에 쓰이는

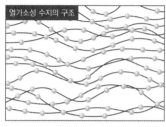
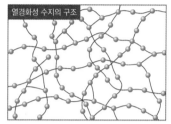

5-2 열가소성 수지와 열경화성 수지의 분자 구조. 열경화성 플라스틱은 고분자 사슬들이 공유결합을 통해 그물처럼 연결되어 있어서 열처리를 통해 원래 형태로 돌아갈 수 없고, 열가소성 플라스틱은 분자들끼리 간접적으로 붙어 있어서 재활용이 가능해.

폴리프로필렌PP, 파이프나 유제품을 보관할 수 있는 폴리염화비닐PVC, 일회용품과 스티로폼의 주재료 폴리스티렌PS, 그리고 전자제품의 외장재 등에 활용되는 아크로니트릴 부타민ABS 등이 여기에 해당해. 범용 플라스틱은 모두 열가소성 수지로 재활용이 가능하기 때문에 일상적으로 흔히 사용되고, 분리수거를 통해 재활용되고 있어. 이 외에도 옷을 만들 때 사용하는 폴리에스테르나 흔히 페트병이라 부르는 PET 역시 열가소성 플라스틱이야.

　　열가소성 플라스틱이라고 해서 내구성이나 물성이 떨어져 일상적인 용도로만 사용되는 것은 아니야. 100도 이상의 고온도 견디거나 마모나 약품에 견디는 특성이 우수한 종류는 엔지니어링 플라스틱이라 부르고 산업 분야에서도 활용되지. 물론 재활용도 가능해.

5-3 일상적으로 쓰는 장난감 소재인 폴리에틸렌은 열가소성 플라스틱이고, 프라이팬 코팅 재료로 쓰이는 테플론 수지는 열경화성 플라스틱이야.

■■■■ 바이오 플라스틱

■ ■■■ 플라스틱은 환경에 위해를 끼칠 수 있을뿐더러 원료 자
체가 석유에서 유래해 생명체에 적합하지 않을 것이라는 느
낌이 있어. 사실 탄화 수소 형태의 유기 화합물의 독성 문제
를 떠나서 플라스틱을 성형하는 과정에 첨가되는 여러 화학
물질이 환경 호르몬과 연관성이 있기에 플라스틱의 유해성은
근거 없는 이야기는 아니야. 대표적으로 비스페놀 A bisphenol
A 나 프탈레이트 phthalate 계의 화합물들이 플라스틱 성형에 첨
가되는 환경호르몬 물질들이야. 환경호르몬이란 인체의 내분
비 계통에 이상을 가져올 가능성이 있는 물질을 말하지. 비스
페놀 A와 같은 첨가제들은 수지를 만드는 데 참여해 효과적
인 중합을 이뤄 강도와 탄성을 증가시키기 때문에 1950년대
부터 흔히 사용되었어. 하지만 체내에 들어가면 인체를 조절
하는 내분비 물질인 호르몬처럼 행동하며 정상 호르몬의 작
용을 교란하기 때문에 여러 문제를 유발하는 것으로 알려져
있어. 참고로 우리가 식품 용기나 조리기구에 사용하는 플라
스틱은 폴리에틸렌이나 폴리프로필렌으로 이루어져 있는데,
이들의 합성에는 환경호르몬성 첨가제를 사용하지 않으니 안
심해도 좋아.

　　플라스틱을 구성하는 고분자 물질임에도 인체에 독성

을 보이지 않고 안전하게 사용할 수 있는, 혹은 환경에 위해를 가하지 않고 분해되거나 제거될 수 있는 소재를 찾아내고자 하는 노력은 계속되었어. 이러한 물질을 '바이오 고분자 biopolymer'라고 부르는데, 석유를 원재료로 삼는 합성 고분자와 구분할 수 있어. 바이오 고분자를 넓게 구분해 보면 생명체 내에서 만들어지는 고분자 물질, 생명체에 위해를 끼치지 않는 천연 혹은 합성 고분자 물질, 그리고 생분해가 가능한 천연 혹은 합성 고분자 물질로 나눌 수 있어. 이러한 바이오 고분자 물질들이 적합한 성형 과정을 거친다면 플라스틱 형태로 변화할 수 있을 것이고, 합성 플라스틱에 비견할 만한 강도나 탄성을 구현할 수 있다면 생태계는 조금 더 안전한 방향으로 보존될 수 있을 거야.

인체 내에서 생성되는 단백질이나 유전물질인 DNA 역시 바이오 고분자에 해당하지만, 실질적인 제품이나 플라스틱과 연관된 종류만 꼽아 보자면 콜라겐collagen, 젤라틴 gellatin, 셀룰로오스cellulose, 전분starch 등의 소재가 대표적이야. 물론 이러한 바이오 고분자들은 지혈제나 약물 전달 물질, 조직 공학 등의 생물학적 분야에 그 자체로 사용되지만, 산업적 측면에서도 식용 캡슐이나 포장 등 다양한 분야에서 활용되고 있어. 이처럼 재생 가능하거나 분해될 수 있는 원재료의 성형을 통해 만들어지는 수지를 바이오 플라스틱이라 불러. 안타깝게도 아직까지는 합성 플라스틱의 다양성과 유용함으로 인해 대부분의 플라스틱은 합성 플라스틱이 점유하고 있어.

화석연료의 고갈 등을 고려해 태양광 발전과 같은 대체 에너지 개발이 계속 시도되고 있다고 앞서 소개한 바 있지만, 사실 석유의 고갈은 에너지 생산보다는 플라스틱 제품 합성이 불가능해진다는 부분에서 더 큰 문제라고 할 수 있어. 에너지 생산이야 효율이 조금 떨어져도 다양한 친환경 혹은 대체 에너지로 대처가 가능하지만, 현재까지 플라스틱에 대

해서는 마땅한 대안이 없거든. 이러한 우려를 해소하고 무분별한 플라스틱 생산이 유발하는 잠재적인 생태계 파괴 위험을 극복하기 위해서라도, 분해될 수 있으면서도 뛰어난 물성을 갖는 플라스틱 신소재의 개발은 필수 요건일 거야. 짧게는 100년에서 길게는 1만 년까지도 썩거나 분해되지 않는다는 점이 플라스틱의 가장 큰 장점이었는데, 하나의 물건을 100년 넘게 사용할 리 만무한 지금의 상황에서 장기적인 안정성은 더 이상 미덕이라 볼 수 없겠지.

최근까지는 단순히 식물 등의 생명체로부터 확보된 원

5-4 플라스틱 생산과 폐기가 유발하는 생태계 파괴의 위험을 줄이기 위해 안전한(SAFE) 신소재 플라스틱 개발이 이루어지고 있어.

재료를 활용해 PET 등의 플라스틱을 만드는 정도에 그치지만, 미래 산업으로서 비중과 중요도는 계속해서 커지고 있어. 가장 최근에는 국내 연구진에 의해 셀룰로오스와 키토산이라는 바이오 고분자를 원재료로 하여 매우 높은 빈도로 사용되는 비닐봉투를 만드는 데도 성공했어. 이렇게 만들어진 바이오 플라스틱은 기존 비닐봉투에 비해서도 높은 강도를 보이기까지 했다니 안전하고 깨끗한 미래로 점차 다가가고 있다는 희망이 보인달까.

기능성 플라스틱 신소재들

가볍고, 단단하고, 탄성이 있으면서 변치 않는다는 플라스틱의 장점은 개발 초기부터 지금까지 주목되었어. 만약 새로운 플라스틱 신소재를 개발한다면 어떤 특성을 갖도록 고안해야 할까? 이에 대한 고민의 끝, 즉 개발의 목적지는 이거야. 일반적인 플라스틱이 갖지 못한 그러나 물질의 매력적인 특성으로 여겨지는 전기 전도성과 자기적 특성, 거기에 보다 향상된 내열성과 강도.

전도성 플라스틱의 개발은, 유기 화합물로 구성된 고분자 사슬이 전도성을 가질 수 있도록 만드는 것에서 시작되었어. 2000년 노벨 화학상의 주인공이기도 한 전도성 고분자는 시라카와Hideki Shirakawa, 맥더미드Alan Graham MacDairmid, 그리고 히거Alan Jay Heeger가 최초로 개발했어. 전도성 플라스틱은 전도성 고분자를 경화시켜 만들 수도 있고, 기존 금속 도선보다 가벼운 데다 원하는 형태로 성형할 수 있다는 특징으로부터 실제 활용이 기대되지.

자석은 니켈이나 코발트, 철과 같은 전이금속이나 네오디뮴(Nd)과 사마륨(Sm) 등의 란타넘족 원소들을 통해 만들어지는 금속 소재야. 단순히 탄소만으로 이루어진 유기 화합물이 자석에 버금갈 만한 자성을 보이리라고 기대하는 사람은 아무도 없었어. 하지만 2004년에 처음으로 자성 플라스틱이 개발됐는데, 우리 생각만큼 자석과 동일하지는 않았지만 상온에서 자기적인 특성을 보이는 것이 확인되었지. 폴리아닐린polyaniline과 테트라사이아노퀴노다이메테인tetracyanoquinodimethane이라는 물질의 합성으로 형성되는 PANiCNQ라는 플라스틱은 구조에 포함된 질소 원자들의 국소적인 스핀으로부터 자기적 특성을 보여. 간단히 생각해 '스핀'은 전자들이 갖는 방향성이라 생각할 수 있는데, 원자의 오비탈에서는 전자들이 홀로 존재하거나 둘이 짝지은 상태로 있게 돼. 두 개의 전자가 한 오비탈에 짝지어진 상태로 존재한다면 +와 −의 스핀이 상쇄되어 외부 자기장에 대해 아무런 영향을 받지 못해. 하지만 질소의 경우에는 홀로 존재하는 전자들이 충분해서 자기적 특성을 보일 수 있는 거야. 조금 더 진보한다면 향후 자성 플라스틱은 전자기기나 인공 심장 박동기 등에 활용할 수 있어.

플라스틱은 단단하지만 금속보다는 약하다. 흔히 생각하는 고정관념이야. 금속도 무른 금속, 단단한 금속 여러 종류가 있듯이 플라스틱 역시 엄청난 강도를 갖는 종류가 있어. 더욱이 사슬 형태의 고분자들이 뭉쳐 만들어진 플라스틱이 섬유 형태로 이루어진다면 이들을 또다시 엮어 만들어진 물질은 굉장한 강도를 갖게 될 거야. 이렇게 탄생한 물질이 1973년 듀퐁Dupont 사에서 개발한 아라미드aramid 섬유와 케블라kevlar 섬유야. 이 플라스틱 섬유들은 내구성에 목적을 두고 개발되었고, 현재 방탄복 등을 만드는 주재료로 사용되고 있어. 내구성이 강철의 5배에 달할 만큼 강하긴 한데, 성형하기 위해 고분자를 녹일 수 있는 용매를 찾기가 어려워 개발된 이후 실사용까지 적지 않은 시간이 소요되었다는 이야기가 있어. 금속으로 만들어져 화약으로 발사된 탄환을 막아 내는 보호구가 플라스틱이었다 이 말이지. 화학 구조상 가장 긴 방향으로 연결된 파라para 구조인 케블라와는 약간의 차이가 있는 노멕스nomex는, 120도 각도로 어긋나듯 연결된 메타meta 구조로 동일한 화합물들이 연결된 물질이야. 불이 잘 붙지 않는 방염 특성의 플라스틱이라 여러 곳에서 유용하게 쓰이고

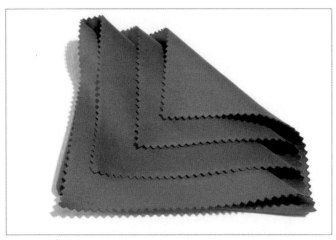

5-5 케블라 섬유. 탄환도 막아 내는 강력한 소재는 무얼까. 왠지 단단한 금속 소재를 떠올리기 쉽지만 방탄복의 주재료는 사슬 형태의 고분자들이 뭉쳐 만들어진 플라스틱 섬유야.

있지.

이처럼 플라스틱은 기존에 보유하던 유용한 특성들에 그치지 않고 계속해서 새로운 기능들이 추가되며 진화하고 있어. 하지만 재활용이나 폐기, 그리고 환경에 미치는 위해성을 무시할 수 없기 때문에 사용 후 관리에 주의를 기울여야 할 신소재 물질이지.

6

나노과학과 나노소재들

요즘 가장 뜨겁게 과학기술 분야를 달구는 단어는 '나노'일 거야. 나노과학, 나노화학, 나노기술, 나노물질 등 '나노 nano'라는 접두어로 꾸며진 여러 용어는 우리가 알고 있는 물질의 세계가 이미 새로운 영역으로 바뀐 것인 양 생소한 이야기들을 계속해서 들려주고 있어.

나노과학은 도대체 무엇이고 언제부터 시작되었을까. 그리고 왜 사람들은 나노라는 세계에 열광하는 것일까. 상상하기도 힘들 정도로 작은 나노의 세계를 어떻게 들여다보고 또 그것으로 이루어진 신소재들을 만들어 내고 있을까. 궁금한 것도 많겠지만 들려줄 이야기도 많아. 먼저 나노가 무엇인지, 그리고 나노소재는 어떻게 탄생했는지부터 이야기할게.

보이지 않아도 분명히 있다

나노는 10의 마이너스 9승을 의미하는데, 무려 0.000000001이라는 어마어마하게 작은 단위를 말해. 그리스어로 난쟁이dwarf를 의미하는 단어가 바로 나노인데, 사람의 머리카락이 보통 50~100마이크로미터(0.00005~0.0001미터)라는 사실을 떠올려 보면 나노 세계는 우리 눈으로는 절대 볼 수 없는 크기일 거야. 나노과학은 나노미터 크기 수준에서 일어나는 현상이나 반응을 탐구하는 분야 전체를 아우르는 말인데, 1나노미터부터 1000나노미터(=1마이크로미터) 범위를 대상으로 해.

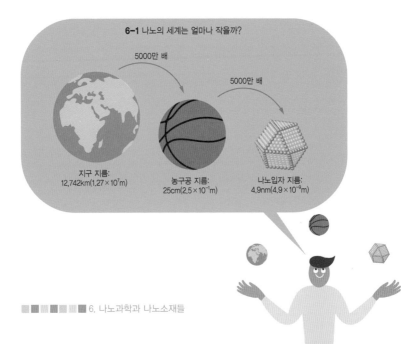

6-1 나노의 세계는 얼마나 작을까?

5000만 배

5000만 배

지구 지름:
12,742km(1.27 × 10⁷m)

농구공 지름:
25cm(2.5 × 10⁻¹m)

나노입자 지름:
4.9nm(4.9 × 10⁻⁹m)

다양한 종류의 반도체성 신소재를 알아보던 중 접했던 양자점의 경우도 나노미터 수준의 매우 작은 세계가 되면서 흥미로운 특성들이 발현한다고 소개했었지? 마찬가지로 나노 세계에서는 우리가 상상하기 어려운 특이한 일들이 계속해서 생겨. 가장 대표적인 나노물질이자 가장 오래된 나노물질이라 여겨지는 금(Au) 나노입자를 기준으로 어떠한 의미들이 숨어 있는지 들려줄게.

금 나노입자는 굉장히 독특하고, 비싸고, 어려운 과정을 통해 탄생한 소재로 생각되지만, 사실 그 역사는 정말 오래전부터 이어져 왔어. 기원후 4세기경 로마 시대에 만들어진 '리쿠르고스 잔 Lycurgus cup'이라는 유리 술잔이 역사적인 시작이라고 여겨지는데, 그리스 신화에 등장하는 트라키아의 왕인 리쿠르고스가 포도나무와 포도주의 신인 디오니소스에게 박해받는 모습을 표현한 예술 작품이야. 물론 섬세하고 예술적인 유리 술잔임에 틀림없지만, 그보다 신비로운 사실은 이 술잔은 빛이 어느 쪽에서 비추는지에 따라 색이 다르게 보인다는 점이야. 빛이 우리가 보는 방향에 있을 때는 황갈색 혹은 연녹색으로 보이는 불투명한 잔인데, 뒤쪽에 광원이 있을 때는 무려 붉은색으로 비쳐 보이거든. 이 현상은 잔을 구성하는 유리 속에 작은 금 나노입자들이 포함되어 있기 때문에 나타나. 이 시기에 도대체 어떠한 방식으로 이처럼 과학적이고

6-2 리쿠르고스 잔. 술잔 뒤에 빛이 비치면 술잔이 붉은색으로 보여. 왜냐고? 유리 속에 금 나노입자가 들어 있기 때문이야.

도 예술적인 술잔을 만들어 냈는지는 아직도 밝혀지지 않고 있어.

또 다른 금 나노입자의 역사적인 활용은 중세 유럽에서 성이나 교회 등을 장식하는 데 사용되었던 스테인드글라스라고 할 수 있어. 형형색색의 유리들이 모자이크처럼 짜 맞춰져 만들어진 스테인드글라스는 중세 건축 예술을 상징하는 대표적인 장치야. 스테인드글라스 중 어느 부분에 금 나노입자가 들어 있을지 조금은 예상이 가지? 바로 붉은색 유리로 보이

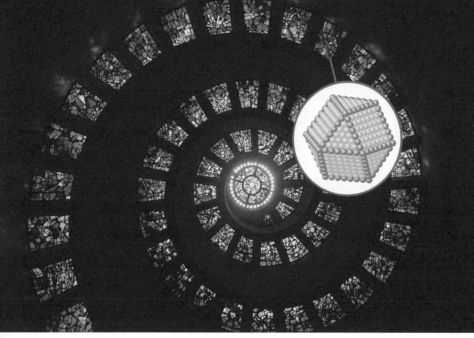

6-3 스테인드글라스의 빨간색으로 보이는 유리 부분에 금 나노입자가 들어 있어.

는 부분이야. 유리를 만들기 위해 모래를 녹이는 과정에서 금 성분이 함께 녹은 후 냉각되어 유리가 만들어지는 동안 동그란 나노입자의 형태로 유리 속에 박혀 이처럼 신기한 색을 만들어 내는 거야.

우리는 흔히 금을 떠올릴 때 노란색 광채가 있는 무른 금속을 상상하곤 해. 깨물면 잇자국이 나는, 영화에서 자주 보던 그런 장면. 사실 선명한 노란색 빛깔을 띠는 금속은 금 외엔 마땅히 없기도 하고, 산화되거나 부식되지 않는 성질과

해가 떠오를 때 하늘의 색상과 비슷하기 때문에 오랜 옛날부터 귀중한 금속으로 여겨졌지. 그런데 나노 세계에 속한 매우 작은 금은 우리 생각처럼 노란색을 띠지 않고, 리쿠르고스 잔이나 스테인드글라스에서 확인하듯 붉은색을 가져. 양자점이 크기에 따라 다양한 형광 색상을 만들어 냈던 것 기억하지? 금이나 은과 같은 귀금속 나노입자는 입자 표면에 모여서 함께 움직이는 전자구름이 있는데, 이를 '플라스몬plasmon'이라 칭해. 바로 이 플라스몬들이 전자기파로 구성된 빛을 만났을 때 자신과 적합한 파장의 빛만을 흡수하고, 남은 빛들이 우리 눈에 들어와 특별한 색으로 보이게 만드는 거야.

양자점이 크기에 따라 변화가 생겼듯이 금 나노입자도 크기나 모양에 따라 보라색, 자주색, 붉은색 등 여러 색상을 나타내. 물론 구성하는 원소가 무엇이냐에 따라서도 또 다른 변화가 생기는데, 은으로 이루어진 동그란 나노입자는 노란색을, 납작한 동전 모양의 나노 은은 파란색을, 금과 은이 섞여서 만들어졌다면 주황색을 보이는 등 온갖 색상이 만들어질 수 있어.

금 나노입자는 1800년대 패러데이Michael Faraday에 의해 처음 만들어졌어. 당시 만들어졌던 금 나노입자는 지금도 단단히 밀봉되어 그때 그 모습대로 박물관에 보관되어 있어. 하지만 만드는 방법을 알게 되었어도 실제로 금 나노입자를 비

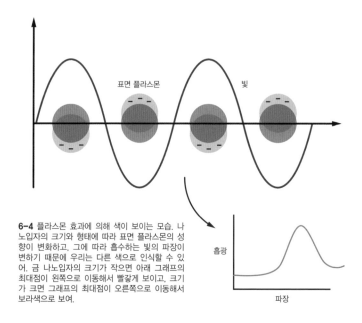

6-4 플라스몬 효과에 의해 색이 보이는 모습. 나노입자의 크기와 형태에 따라 표면 플라스몬의 성향이 변화하고, 그에 따라 흡수하는 빛의 파장이 변하기 때문에 우리는 다른 색으로 인식할 수 있어. 금 나노입자의 크기가 작으면 아래 그래프의 최대점이 왼쪽으로 이동해서 빨갛게 보이고, 크기가 크면 그래프의 최대점이 오른쪽으로 이동해서 보라색으로 보여.

롯한 나노 신소재들이 관심받고 연구되기 시작한 것은 이보다도 무려 100년이나 더 지난 20세기 중반이 되어서야. 사실 우리는 여러 가지 증거로 존재가 추정되더라도 오감으로 느끼거나 보지 않고서는 완전히 믿지 못하잖아. 20세기 중반 주사전자현미경 Scanning Electron Microscope; SEM과 투과전자현미경 Transmission Electron Microscope; TEM이라는 초고배율 현미경 장비가 개발된 것이 나노 세계를 직접 바라보고 관심 갖게 하는 직접적인 계기였어. 주사전자현미경과 투과전자현미경은 나노소재만이 아닌, 모든 종류의 신소재를 분석하고 이해하는데 유용하게 사용되는 장비 중 하나야.

주사전자현미경은 간단히 사진기를 생각하면 이해하기 쉬워. 쏘아진 광원이 물체에 닿고 우리 눈에 들어와 높낮이나 굴곡, 모양이나 크기를 직접 관찰할 수 있는 현미경의 일종이야. 차이점이라면 가시광선으로 색상과 밝기를 인식하는 우리 눈과는 다르게, 전자를 광선으로 발사해 신호를 이미지로 만드는 전자현미경이라는 점이겠지. 투과전자현미경은 병원에서 진료받을 때 사용하는 X선 촬영을 생각하면 돼. 물론 X선보다는 훨씬 더 작은 에너지를 갖는 전자를 광선으로 발사하는 방식이야. 주사scanning와 투과transmission라는 단어에서 느낄 수 있듯이, 주사전자현미경은 물체의 표면을 스캐닝하듯이 그대로 관찰할 수 있고, 투과전자현미경은 전자가 잘 투과하고 투과하지 못하는 차이를 기반으로 내부 구조를 단면도처럼 확인할 수 있지.

이러한 특징이 가장 잘 드러나는 경우가 겉껍질만 존재하고 속은 텅 빈 아주 작은 나노입자를 관찰하는 경우인데, 이런 모양을 나노껍질nanoshell이라고 불러. 동그란 모양의 나노껍질을 주사전자현미경으로 관찰한다면 공처럼 동그란 모양이 그대로 보일 거야. 속이 꽉 차 있는지, 반쯤 차 있는지, 아니면 텅 비어 있는지는 알기 어렵지. 하지만 표면이 매끄러운 공 모양인지 울퉁불퉁한 모양인지는 쉽게 알 수 있어. 반대로 투과전자현미경으로 관찰한다면 단단한 원소들이 모여 있는 가장자리 부분은 전자가 투과하지 못해 어둡게 보일 테고, 텅 비어서 지나가기 쉬운 안쪽 공간은 이보다 더 밝게 보여. 결국 우리는 이 물질의 속이 비어 있다는 사실은 알 수 있지만 단면도의 형태로 관찰되기 때문에 가장 바깥쪽 겉껍질이 매끈할지 길쭉할지 울퉁불퉁할지는 정확히 예측하기 어려워. 결과적으로 두 종류의 전자현미경을 경우에 따라 잘 활용하면 다양한 형태와 크기를 비롯한 많은 특성에 대한 단서를 모아 나노 신소재를 완벽하게 예측할 수 있어.

전자현미경은 계속해서 해상도와 기능이 향상되고 있는데, 최근에는 앞서 살펴보았던 탄소로 이루어진 소재들이나 반도체성 소재들을 어디에 어떤 원자가 몇 개나 모여 있는지까지 사진으로 찍어 파악할 수 있을 정도가 되었어. 말 그대로 원자를 직접 보는 세상이 도래한 거야. 물론 전자현미경 외에도 다양한 분석 장비들이 과학과 기술의 최전선에서 활약하고 있어. X선으로 물질의 결정구조나 조성을 확인하기도 하고, 레이저를 쪼여 산란되며 나오는 신호들로 구조를 이해하기도 하고, 심지어는 이러한 과정을 영화를 보듯 실시간으로 따라가며 확인하기도 해. 고성능 분석 기기는 신소재를 개발하고 분석하는 데 매우 중요한 역할을 해 왔어. 만약 우리가 볼 수 없고 이해할 수 없었다면 여전히 작은 세계로는 들어가지 못하고 두 손에 쥐인 물질에 만족했을지도 몰라.

▰▰▰ 나노소재는 가능성의 영역

나노 세계에 속한 신소재들은 역사적으로 우리가 알게 모르게 존재해 왔을 거야. 고대부터 있어 왔다던 금 나노입자도 그랬고, 도자기를 만들다 흩날리는 세라믹 분말이나, 자석에 붙어 있는 미세한 철가루들까지, 보이지 않거나 잡을 수 없어도 어디에나 있었을 거야. 그리고 볼 수 있게 되었더라도 신기할지언정 이 속에서 가능성을 보고 미래를 생각한 사람은 많지 않았겠지. 나노과학을 가장 직접적으로 그리고 대중적으로 예견한 사람은 알버트 아인슈타인과 함께 20세기 최고의 물리학자라 일컬어지는, 1965년 양자전기역학으로 노벨 물리학상을 수상한 미국의 물리학자 리처드 파인만Richard Phillips Feynman이야.

파인만은 1959년 12월 29일 미국 캘리포니아 공과대학CalTech에서 "바닥 세계에 빈자리는 많다There's plenty of room at the bottom."라는, 나노 시대를 열었다고 회자되는 명언을 역사에 남겼어. '바닥 세계'란 물리적으로 가장 밑에 있는 공간을 의미하는 것이 아니야. 우리가 볼 수 있는 가장 밑바닥, 곧 소형화에 이르면서 우리가 제어할 수 있는 가장 작은 크기의 공간을 의미해. 파인만은 당시에 예전부터 인간의 기술로 작은 공간에 많은 것을 넣는 (하지만 당시에는 예술적 의미나 기술적 가치 외에는 없던) 일례를 들었는데, 금으로 만들어진 직경 1.2밀리미터의 작은 핀의 머리 부분에 주기도문을 새겨 넣었던 런드버그Godfrey Emanuel Lundberg의 1915년 작품이 한 예야. 다른 핀들과 함께 섞여 있다면 구분할 수 없는 단순한 작은 핀이지만 핀 머리 부분을 확대경으로 보면 빼곡하게 쓰인 총 65개의 단어, 254자의 알파벳을 읽을 수 있어. 우리가 보기에는 작고

6-5 작은 핀의 머리 부분에 주기도문이 새겨졌다는 사실을 아니? 파인만은 인간이 제어할 수 있는 가장 작은 크기의 공간을 '바닥 세계'라 칭하며 나노 시대가 열렸음을 언급했어.

동그란 단순한 물질이라도 실제로는 상상할 수 없는 다양한 특징을 가질 수 있다는 의미이지.

이뿐만 아니라 파인만은 판화lithography 방식을 사용해 매우 얇은 실리카(이산화 규소; SiO₂)와 금으로 이루어진 박막을 새기는 직접적인 방법과, 전자현미경을 통해 기록된 데이터를 읽을 수 있으리라는 제안을 통해 핀 머리에 총 24권으로 이루어진 백과사전을 새겨 넣는 것도 나노미터 단위상 충분히 가능하다고 했어. 판화 기법으로 새기거나 전자현미경으로 읽는 방법은 그야말로 당시 강연에서 단적인 예로 든 것이지만, 실제로 리소그래피라는 나노 공정 기술은 현재 반도체 산업과 칩chip 기반 응용 기술에서 핵심적으로 활용되고 있고, 작은 공간에 이온 빔을 집약시켜 글자를 새기는 기술 또한 현재 사용되고 있어.

색, 빛, 그리고 전자기

과학자들은 바닥 세계에서 어떤 빈자리들을 찾아냈을까? 아마 이 부분이 가장 궁금했겠지? 가장 먼저 예상할 수 있는 것은 앞서 살펴보았던 금 나노입자의 경우처럼 육안으로 관찰할 수 있는 색상이야. 나노입자의 크기, 모양, 구성 원소의 종류에 따라 붉은색부터 노란색, 파란색 등 우리가 볼 수 있는 다양한 색을 나타내는 물질들이 탄생한다고 했는데, 오감으로 느끼는 여러 정보 중 우리가 가장 직관적으로 '다르다'라는 걸 인식하게 만드는 것은 역시 시각 정보겠지. 물질의 색이 다르다는 것은 그 물질이 무엇인지 구분하는 데 도움을 주기도 하지만, 더 큰 의미로 보면 서로 다른 물리적(광학적) 특징을 가진다는 차원에서 또 다른 가능성을 제시해. 색과 가장 깊은 연관이 있는 빛을 활용한 응용들이 여기에 해당해.

　　최근 기술 중 빛을 자극으로 사용해 원하는 화학적 혹은 물리적 반응을 이끌어 내는 접근법은 대표적으로 다음 두 가지야. 반도체성 신소재들이 의존하는 '광촉매 photocatalyst' 와 금속 혹은 탄소 기반 신소재들이 의존하는 '광열전환 photothermal conversion'. (두 접근법에 대해서는 조금만 참아. 금방 설명할게.) 이렇게 빛을 통한 에너지 공급과 대응되는 반응을 유도하기 위해서는 소재에 의해 잘 흡수되는 빛의 특별한 파장이 필요해. 레이저 등을 통해 원하는 파장의 빛만을 만들어 낼 수도 있지만 비용 지불 없이 무한정 사용할 수 있는 광원인 태양은 모든 파장에 대해 서로 다른 양의 에너지를 포함하고 있어. 이는 곧 낭비 없이 최적화된 태양광의 활용을 위해서는 소재의 흡광량과 반응성을 조절하는 수밖에 없는데, 나노미터 수준에 있는 신소재들은 이것이 가능하다는 점이 큰 장점으로 작용하는 거야.

빛을 쪼여서 반응을 이끌어 냈다면, 반대로 다른 자극으로부터 빛을 만들어 내는 것도 가능해. 대표적인 사례가 바로 앞서 살펴보았던 반도체성 신소재의 한 종류였던 양자점이었고. 양자점이 양자 제한 효과라는 특별한 상황에 처하며 산발적으로 퍼지는 에너지 준위들로부터 특별한 파장의 빛을 방출한다고 했지? 이 현상을 '형광fluorescence'이라고 해. 형광은 물질이 전자기파를 흡수한 후 다른 파장의 빛을 내뿜는 현상을 의미하는데, 가장 안정한 에너지 상태를 갖던 '바닥 상태'의 물질이 전자기파를 흡수하며 높은 에너지가 되면서 불안정한 '들뜬 상태'로 전환되기 때문에 일어나는 현상이야. 들뜬 상태의 에너지가 주위에 있는 분자들과 화학적 반응을 일으키는 것이 '광촉매'이고, 빛의 형태로 전환되어 방출되는 현상이 '형광'이야. 반대로, 들뜬 전자들이 진동하며 주위로 열의 형태를 빌려 에너지를 방출하는 것이 앞서 언급된 '광열전환' 현상이야. 이 현상들은 서로 동시에 일어나기도 하고, 소재의 종류에 따라 어느 하나가 더 우세한 경우가 존재하기도 해. 반도체로 이루어진 양자점이나, 탄소 기반 신소재 중 하나인 탄소 양자점은 형광을 방출하는 특성이 강해서 다양한 응용 분야에서 그 특성이 활용되고 있어.

형광에 있어서 나노 소재의 흥미로운 점을 하나 더 짚고 넘어갈까. 특정한 띠틈을 갖고 산발적으로 분산되어 있는

6-6 형광은 물질이 전자기파를 흡수한 후 다른 파장의 빛을 내뿜는 현상이야. 가장 안정한 에너지 상태를 갖던 바닥 상태의 물질이 전자기파를 흡수하며 높은 에너지의 불안정한 들뜬 상태로 전환되기 때문에 일어나.

에너지 준위가 특유의 선명한 빛의 방출에 적합한 속성이 나노미터 수준의 신소재에서 활용되고 있는데, 반대로 형광을 잡아먹는 소재 역시 존재해. 나노 신소재의 대표적인 예로 몇 차례나 다룬 금 나노입자나 그래핀과 같은 탄소 신소재가 여기 해당해. 에너지를 받아들여 들뜬 상태가 된 물질이 에너지를 방출하는 상황에서 만약 금 나노입자나 그래핀이 가까운 주위에 위치한다면 금이나 그래핀은 이 에너지를 자신이 받아들여 빛을 내는 것을 봉쇄할 수 있어. 또는 방출되는 빛이 자신이 흡수할 수 있는 파장과 일치한다면 빛 그 자체를 빨아들여 버리기도 하고 말이야.

그렇다고 금이나 그래핀이 형광을 없애기만 하는 것은 아니야. 충분히 크기가 작은 그래핀(이 경우에는 탄소 양자점에 가까워져)이나 수십 개의 원자로 이루어진 금 구조는 오히려 에너지 준위가 더욱 퍼뜨려져서 형광을 만들어 내기도 하지. 이뿐 아니라 형광을 낼 수 있는 물질이 금 나노입자와 약 3나노미터 내외의 아주 좁고 적절한 거리를 유지할 수 있다면 오히려 형광이 더 강해지는 증폭 현상이 나타나기도 해. 하나의 소재임에도 서로 상반되는 특성을 보이기도 하고, 수 나노미터 수준의 작은 공간 속에서 변화하니 나노 신소재의 매력은 끝이 없다고 느껴지지 않니.

빛이 전자기로 이루어진 파장이듯 자기적인 특성에 관여하는 나노 신소재 물질도 여럿 있어. 다양한 원소로 이루어진 물질들 중에는 자석에 끌려오는 물질도 있고, 아무리 자석을 가까이 대도 전혀 영향받지 않는 물질도 있어. 흔히 철(Fe)이나 니켈(Ni) 등의 금속으로 이루어진 물질은 자석에 끌리고, 아연(Zn) 등의 금속이나 그 외 비금속들은 자석에 끌려오지 않거든. 그렇다면 소재의 특성이 크기에 따라 변화하던 것처럼 자기장에 대한 반응 역시 나노미터 수준의 세상으로 들어서면 바뀌지 않을까 하는 생각이 들 거야. 이 점을 이해하려면 자성의 종류에 대해 한번 생각할 필요가 있어.

우리가 생각하는 자석을 가까이 대면 끌려오는 성질을

'강자성 ferromagnetism'이라 부르는데, 외부에 자기장이 없어도 자화될 수 있고, 실험자가 직접 느낄 수 있을 정도로 강한 자성을 의미해. 철이나 코발트(Co), 니켈 등이 여기 해당하지. 흥미로운 점은 원자 수준에서 강자성을 보인다 하더라도 합금을 이루면 자성을 보이지 않는 비자성 합금을 만들기도 한다는 점이야. 일상 속에서 가장 많이 사용되는 스테인리스강이 여기에 해당해. 이보다 약한 특성은 '상자성 paramagnetism'이라는 성질인데, 외부에 자기장이 걸려 있으면 자기적 성질을 보이지만 자기장이 사라지면 다시금 자성을 잃는 경우가 여기 해당해. 에너지 준위에 전자가 짝을 이루지 않고 존재하는 홀전자가 있는 경우 이러한 특성을 보여. 산소가 바로 그래. 액체 상태로 냉각된 산소를 강한 자기장이 걸린 공간에 부어 주면 마치 자석에 달라붙은 철가루처럼 엉겨붙어 버리는 현상이 대표적인 예야.

반대로 자기장에 영향을 받지 않는다면 앞서 말했던 강자성이나 상자성이 없는 걸까, 아니면 또 다른 특성이 있는 걸까. 그 답은 바로 '반자성 diamagnetism'이야. 반자성은 의미 그대로 외부 자기장에 대해 물질이 약한 반발력을 보이는 현상을 의미해. 자석을 가까이 댄다고 밀려나는 현상과는 명확히 다르지. 사실 모든 물질은 원자로 이루어져 있고, 원자의 전체적인 영역은 전자로 구성되어 있기 때문에 약간씩의 반자성은 물질들이 보이는 일반적인 특성이야. 대부분의 유기물과 생체 분자들, 그리고 물 등이 반자성 물질에 해당해. 이 현상이 극도로 강하게 되면 관찰되는 성질이 중력에 반대되는 방향으로 금속 조각이 둥둥 떠다니는 모습으로 표현되는 초전도체라 할 수 있지.

이 외에도 자성은 반강자성이나 메타자성 등 여러 구분이 존재하지만, 우리가 살펴볼 대상은 나노미터 단위의 물질에서 확인되는 '초상자성 superparamagnetism'이야. 보통 상자성 물질은 전자의 스핀이 뒤죽박죽 무작위로 배열되어 있는데, 그중 약 10나노미터 수준의 매우 좁은 영역에서는 전자의 스핀들이 같은 방향으로 배열되는 경우가 있어. 그런데 외부 자기장이 걸려도 무작위로 스핀이 배열되는 경우가 발생하는데 이를 초상자성 물질이라 불러. 10나노미터 이하의 매우 작은 산화철 iron oxide 나노물질이 이런 특성을 보여. 초상자성 나노입자는 센서나 약물 전달, 항암 치료 등 다양한 의료 분야에 적용되기도 하고, 체내를 진단하는 영상 기법 중 하나인 자기공명영상MRI을 보다 선명하게 보이게 해 주는 조영제로서 작용할 수 있기 때문에 최근 많은 관심을 받는 나노 신소재 물질이야.

신소재로 쌓아 올리는 신소재

다양한 크기와 모양에 조성이 다르게 조절된 나노 신소재 물질들은 빛이나 자기장과 같은 다양한 외부 자극으로부터 다채로운 반응을 보인다는 핵심적인 사실을 알아보았어. 만약 서로 다른 특성을 갖는, 각기 다른 종류의 나노물질들이 서로 합쳐진다면 어떨까? 충분히 작으면서도 빛을 내뿜거나 자기장에 끌리고, 혹은 화학반응을 일으키는 기능이 동시에 작용하는 그런 신소재가 되겠지. 각기 다른 소재들의 특성을 활용해 건물을 짓거나 물건을 만드는 것이 최종적인 활용의 한 형태라고 이야기했는데, 그렇다면 소재들의 특성이 결합된 새로운 소재를 만드는 것은 더욱 혁신적이 될 수 있을 거야. 신소재로 만드는 새로운 신소재가 되어 가장 효율적인 길을 제시할 수 있어.

우리는 몇 가지 가능한 방법을 생각해 볼 수 있어. 먼저, 하나의 나노입자를 또 다른 종류의 물질로 덮어서 안쪽 구조와 껍질 구조가 함께 존재하도록 설계해 볼 수 있겠지. 이런 방식은 보통 자기장에 끌리는 산화철 등의 소재가 안쪽에, 다른 물질을 붙이거나 잡도록 꾸며 주기 용이한 종류의 금속이나 금속 산화물 소재가 바깥쪽에 위치하게 만드는 경우가 많아. 이렇게 만들어진 '복합소재'는 오염물질이나 질병

진단을 위한 물질, 분리·제거를 위한 물질 등을 표면에 붙도록 한 후 자기장을 통해 분리해 모아 줄 수 있어. 또 이렇게 하나의 물질을 완전히 감싸 껍질 구조를 만든다면, 안쪽에 있는 물질의 화학적 또는 생물학적 특성이 발현되지 못하게 막을 수도 있어.

양자점 중 카드뮴으로 이루어진 물질은 효과적인 형광 발색이 가능했지만 독성 중금속인 카드뮴이 누출되어 문제를 일으킨다고 했는데, 카드뮴 양자점을 단단한 이산화 규소나 다른 물질로 감싼다면 형광이 발현되면서도 독성은 보이지 않는 소재가 완성될 수 있어. 꼭 다른 물질로 감싸 안팎을 구분하지 않더라도 두 종류의 나노입자를 서로 붙여 함께 돌아다닐 수 있게 만든다면 마찬가지의 효과를 얻을 수 있지. 꼭 나노입자끼리 합쳐 무언가를 이루지 않아도, 넓은 2차원 표면에 나노입자들을 빼곡하게 줄 세워 채워 넣는다면 실사용되는 소자들에게도 새로운 특성을 부여할 수 있어. 비교적 넓은 평면 형태로 존재하는 탄소 신소재나 다른 신소재들, 그리고 평면 형태의 소자로 제작되는 반도체 소자들에 나노 크기의 입자나 물질이 올라가게 되는 거지. 조금 전 다양한 나노 소재들을 합쳐 복합소재를 만들었던 것처럼, 평면 구조에 층층이 다른 물질들을 쌓아 올리는 과정을 통해 다기능성을 구현할 수 있어.

자극

자극: 산성도, 빛, 자기장, 진단 물질

6-7 나노입자들이 모여들어 구조를 만드는 모습. 산, 산화제, 빛, 자기장 등 다양한 자극을 주면 원하는 특성을 갖는 새로운 복합체를 만들 수 있어.

이처럼 나노미터 크기의 물질들이 서로 응집되거나 쌓이는 과정을 '조립 assembly'이라 부르는데, 같은 종류의 물질이 특정한 공간에 질서정연하게 자리 잡는 자가조립은 나노미터의 미시적 세계를 우리가 다룰 수 있는 실제 크기로 확장하는 중요한 기술이야.

나노 신소재의 활용 분야

소재의 목적은 실사용이 가능하도록 기능성이 부여된 형태와 구조 그리고 결과물을 만들어 내는 것이기에, 나노 신소재들 역시 여러 분야에서 활발히 사용되고 있어. 실생활에 사용되는 물품들보다 현격히 작은 크기로 이루어져 있는 소재이기 때문에 구성 요소에 함께 섞거나 겉에 도포하는 방식으로 적용하기가 좋지. 최근 가장 많은 관심을 받는 분야는

헬스케어와 에너지 분야를 꼽을 수 있어. 물론 이 외에도 촉매, 생산, 감지 등 이미 적용이 이루어지고 있는 영역들이 많지만 나노 신소재의 특성과 기능성을 최대한 적용해 극적인 효과를 얻을 수 있는 분야는 위의 두 가지야.

헬스케어는 인체의 진단과 치료, 보다 나은 삶을 위한 건강 요인들을 아우르는 넓은 분야를 의미해. 인체는 비교적 좁은 공간에 수많은 생분자와 화합물, 생체 조직들이 뒤섞여 있는 시스템이기 때문에 이에 대한 정보를 얻고 제어하기 위해서는 아주 작은 매개체가 필요해. 생명체를 대상으로 적용하기 위해서는 여러 전제조건이 충족되어야만 하는데, 원하는 장소나 환경을 제외하고는 반응성이 없어야 하고, 독성이나 부작용을 일으키는 위험성이 없어야만 해. 뿐만 아니라 피부와 생체 조직을 뚫고 신호를 보내거나 받을 수 있는 기능성도 있어야만 할 거야.

물론 모든 종류의 나노 신소재가 이 엄격한 요건을 만족시킬 수는 없어. 하지만 지금껏 살펴보았던 금 나노입자나 산화철 나노입자 등은 큰 독성을 보이지 않으면서 화학적 방법으로 표면을 개량해서 기능성과 안정성 두 마리 토끼를 모두 잡을 수 있다고 기대되는 물질이야. 최근 연구결과들에 따르면 금으로 이루어진 다양한 형태의 나노 소재를 이용해 동물 체내 암세포의 위치를 찾아내거나, 암세포에 다가가 치료

제를 주입하고 레이저를 쪼여 선택적으로 암세포만 태워 죽이는 치료가 가능하다고 알려져 있어. 이 외에도 당뇨 환자들에게 중요한 혈당 수치를 측정하거나, 임신 테스트기 결과를 표시하기 위한 색상을 만들어 내는 물질로, 또는 매우 높은 민감성을 보이는 분광학 기기들과 접목해 유전자나 진단 물질을 초저농도에서 읽어 내는 데 사용되고 있어. 산화철 나노 입자 역시 이와 유사한 활용이 가능한데, 하나 독특한 점으로 자기장의 영향을 받는 특징을 활용해 원통형 도선(솔레노이드; Solenoid) 내부에 넣고 교류 자기장을 걸어 주면 열을 발생시키는 능력이 있어. 빛보다 더 생체 조직을 잘 투과하는 자기장을 사용하기 때문에 이 방법을 활용하면 몸속 깊은 곳에 있는 병변을 태워 치료할 수도 있지.

　　에너지 분야는 미래에 발생할 수도 있을 화석 연료의 고갈과 이로부터 유래하는 환경 오염, 그리고 지구 온난화가 점점 더 큰 문제로 여겨지고 있기에 최근 전 세계적으로 가장 관심받는 연구 및 응용 분야야. 에너지는 단순히 기존 발전 방식을 바꾸겠다는 지속가능한 대체 에너지에 국한된 분야가 아니야. 태양광 발전 등을 통한 발전, 미래 연료로 여겨지는 수소 연료 생산, 바이오연료 합성, 인공 휘발유 합성, 그리고 이들에 대한 효율적이고 안전한 저장 방식과 전지(배터리) 개발을 포함해 인류에게 가장 편리하게 사용되는 에너지의 형

6-8 수소 연료를 만들 때 일어나는 에너지 손실 등의 문제는 금속 나노 촉매를 활용해 극복해 나가고 있어.

태인 전기를 만들고 옮기고 저장하고 사용하는 전반을 다루고 있어.

　태양광 발전에는 반도체성 신소재가 사용되고 있다고 소개했는데 이 외에도 빛을 흡수해 더 쉽게 전달하거나, 빠져나갈 수 있는 파장의 빛을 끌어모아 흡수하는 나노 신소재가 결합되어 더욱 높은 효율을 달성하려는 도전이 계속되고 있어. 특히 수소 연료는 매우 중요한 미래 연료로 여겨지는데 수소는 물을 분해해서 지구상에서 손쉽게 얻을 수 있다는 점과, 수소가 연소되어 빛과 열을 만들어 낸 이후에는 다시 물

(수증기)로 변화하기 때문에 환경 오염이 전혀 일어나지 않는다는 특징이 궁극의 친환경적 에너지원 중 하나로 고려되는 이유야. 하지만 일상적으로 사용되는 전기를 통해 수소를 만들어 낸다면, 이 과정에서 일어나는 에너지의 손실이나 화학 반응의 효율로 인해 낭비가 일어나겠지. 문제를 극복하기 위해 백금(Pt)을 비롯한 금속 나노 촉매들을 활용하거나, 지구에 쏟아지는 사실상 무한정의 에너지인 태양광을 통해 물을 분해해 수소 그리고 산소를 만드는 방법이 개발되고 있어.

수소의 생성만큼이나 중요한 게 저장하는 기술의 확보인데, 차량을 움직이게 하는 등 많은 양의 에너지를 사용해야 하기에 저장에 필요한 공간 또한 매우 큰 편이야. 수소는 문제가 발생할 경우 휘발유보다 훨씬 더 쉽게 폭발할 위험도 있기 때문에 작은 공간에 안전하게 많은 양의 수소를 저장하는 기술 개발이 수소 에너지 시대의 시작을 의미해. 물론 이 모든 어려움의 해결은 새로운 소재와 과학기술의 발달을 통해 이루어질 테고.

나노과학 이후엔 어떤 시대가

나노가 매우 작은 세계라는 것은 이해할 수 있지만 이보다도 더 작은 단위를 나타내는 용어들이 끝없이 기다리고 있는 만큼 그 이후의 과학기술 시대 또한 미발견으로 남아 있어. 하지만 물질을 대상으로 하는 나노과학이 우리가 경험할 마지막 분야가 될 가능성도 높아. 물질을 구성하는 원자 한 개의 크기 이하로는 물질이 아닌 소립자나 양자 세계가 펼쳐지기 때문에, 신소재를 직접적으로 만드는 데 어려움이 있을 거야. 그리고 원자의 크기는 보편적으로 1옹스트롬(Å)이라고도 부르는 0.1나노미터 내외에 해당하기 때문에, 나노보다 작은 피코(p; 10의 마이너스 12승), 펨토(f; 10의 마이너스 15승), 아토(a; 10의 마이너스 18승)의 단위들은 원자보다도 작은 세계에 대한 이야기라 물질보다는 물리에 가까울 수밖에 없지.

나노는 현대 인류가 다다른, 세상을 직접 구성할 수 있는 가장 작은 세상이자 관찰된 적 없던 특별한 현상들이 발견된 세상이고, 엄청난 가능성이 담겨 있는 영역이야. 하지만 이 작은 세계에 이토록 많은 것이 담겨 있을 줄 미처 몰랐던 것처럼 관심과 열정을 갖고 계속해서 살펴본다면 발견할 수 있는 다른 세상은 분명히 있을 거야.

신소재 발견의 꿈을 향해

지금까지 소재에 대한 이야기를 해 보았어. 용도를 갖는다는 일반적인 소재의 뜻부터, 원소와 원자 단위에서 소재가 만들어지는 과정도 살펴보았고, 인류가 만들어 온 다양한 신소재에 대한 소개도 들어 보았지. 얼마나 너희에게 흥미롭게 다가갔는지 모르겠다. 이 모든 것을 알아본 결과 소재는 결국 원자들로 이루어져 있는 집합체이기 때문에 구조와 특성, 잠재력을 해석하기 위해서는 화학적인 시각으로 접근할 수밖에 없다는 걸 알았을 거야. 구성하는 원자들의 배열과 거리, 종류와 상호작용으로부터 전자들의 배열과 위치가 변하고, 이는 빛이나 색, 열과 같은 특성들로 우리에게 다가오게 돼.

온전한 소재의 활용과 신소재의 발견은 물질에 대한 본질적인 화학적 탐구가 기본이 되어야 해. 그런 뒤 여러 첨단 분야에 적용하거나, 고전적인 분야에서 기존에 사용되던 소재들을 더 뛰어난 기능 또는 효율을 바탕으로 대체하기 위해 공학적 사고가 요구되지. 나노라는, 물질의 특성을 유지하며 접근할 수 있는 가장 작은 단위의 세계까지 우리 앞에 펼쳐져 있어. 모든 방향으로 가능성을 열어 두고 접근한다면 소재의 세계를 받아들이고 활용할 수 있을 거야.

연필심이 휘어지는 디스플레이를 만들고, 모래가 전자기기의 반도체가 되어 현대 사회를 지탱하며, 평범한 광물로 알았던 구조가 태양광 발전을 선도하고, 유기물이 뭉치고 또 뭉쳐져 플라스틱이라는 신소재를 만들어 냈어. 보물찾기하는 기분으로 주위 소재들을 자주 들여다본다면, 다음 신소재를 찾아내는 주인공은 바로 우리이지 않을까?

과학
좀 아는
십 대
10

신소재
좀 아는 10대
석기부터 나노까지,
소재로 쌓인 문명의 탑

초판 1쇄 발행 2020년 12월 31일
초판 5쇄 발행 2024년 4월 30일

지은이 장홍제
그린이 방상호
펴낸이 홍석
이사 홍성우
인문편집부장 박월
편집 박주혜 · 조준태
디자인 방상호
마케팅 이송희 · 김민경
제작 홍보람
관리 최우리 · 정원경 · 조영행 · 김지혜

펴낸곳 도서출판 풀빛
등록 1979년 3월 6일 제2021-000055호
주소 07547 서울특별시 강서구 양천로 583 우림블루나인 A동 21층 2110호
전화 02-363-5995(영업), 02-364-0844(편집)
팩스 070-4275-0445
홈페이지 www.pulbit.co.kr
전자우편 inmun@pulbit.co.kr

ISBN 979-11-6172-786-8 44430
ISBN 979-11-6172-727-1 44080 (세트)

이 책의 국립중앙도서관 출판시도서목록(CIP)은 서지정보유통지원시스템
홈페이지(seoji.nl.go.kr)와 국가자료공동목록시스템(www.nl.go.kr/kolisnet)에서
이용하실 수 있습니다.(CIP제어번호 : CIP2020051370)